日本列島
5億年の秘密がわかる本

地球科学研究倶楽部 編

はじめに

日本列島はどうやってできたか

私たちの知るこの日本列島の始まりは、どのようなものだったのか。そして、どのようにして現在の姿が作られてきたのか――

本書は、そんなロマン溢(あふ)れる問いに答える本である。

日本列島の歴史と現在、そしてこれからに関心があるならば、ぜひ読んでいただきたい。

第1章では、地球の悠久(ゆうきゅう)の歴史の中で、陸地のダイナミックな動きによって、ユーラシア大陸の東端に日本列島が形作られていく流れを追う。5億年前から数千万年後の未来まで、日本列島の歩みを知ることができるはずだ。

第2章では、日本列島の各地で見られる、不思議で神秘的な地形を紹介していく。壮大な絶景を、豊富な写真で楽しんでいただきたい。また、地形の生まれるメカニズムも、図解とともにわかりやすく説明している。

第3章では、日本の気候と気象を取り上げる。春夏秋冬どの季節も味わい深い、日本の四季はなぜできたのか。日本の気象の仕組みはどうなっているのか。そして、近年話題になっている異常気象の原因も解説する。

日本列島に残された足跡

第4章では、日本列島で発見された化石を中心に話を展開している。以前は日本では、恐竜などの大型生物の化石はあまり発見されていなかった。しかし近年、全長10メートルの肉食恐竜ミフネリュウや、全長18メートルのトバリュウが、日本の大地を闊歩していたことがわかってきた。両生類でも6メートルのマストドンサウルスがいて、海には15メートルのサメや体長10メートルのクビナガリュウなどが泳いでいたこともわかった。また、空には翼竜が飛んでいたという。

第5章は、日本列島と太古の人類のかかわりを描き出す。縄文人のイメージをくつがえすような真実や、弥生人のやってきた道を、ＤＮＡ解析などから科学的に解説する。

本書を読んで、日本列島の5億年の歴史を楽しんでいただければ、これにまさるよろこびはない。

地球科学研究倶楽部

Contents

日本列島5億年の秘密がわかる本

目次

第3章 気候と気象の秘密 117

第4章 生物たちの歴史 153

※本書は２０１８年９月に学研プラスから刊行されたものです。

日本列島の変遷

5億〜2500万年前

カンブリア紀〜古第三紀（漸新世）

STEP 01

ユーラシア大陸の東端、海洋プレートが大陸プレートの下にもぐり込む場所に、堆積された地層が断続的に付加(ふか)される。この「付加体」が、日本列島のもとになるのである。

日本列島のもとになる地質

図中の白い部分は陸地、青の点線はのちに日本列島およびユーラシア大陸東端の海岸線へと分化していく地質のかたまり。

5億1000万年前	日本列島のもっとも古い地層が形成される。
	日本国内最古の化石コノドントを歯としてもつ、クリダグナサスが棲息。
3億5890万年前	北九州、中国地方、上越地区となる地質が、付加体として形成されはじめる。
2億5000万年前	山口県の秋吉台のもととなる地質が、付加体として形成される。
2億5000万年前	大型両生類マストドンサウルスが棲息。
1億2000万年前	恐竜が栄える。
8000万年前	巨大イカが棲息。
5000万〜2500万年前	和歌山県のフェニックス褶曲が形成される。
4500万年前	北海道のもととなる部分が集まってくる。
3000万年前	ユーラシア大陸の東端に亀裂。

2500万〜1500万年前

STEP 02

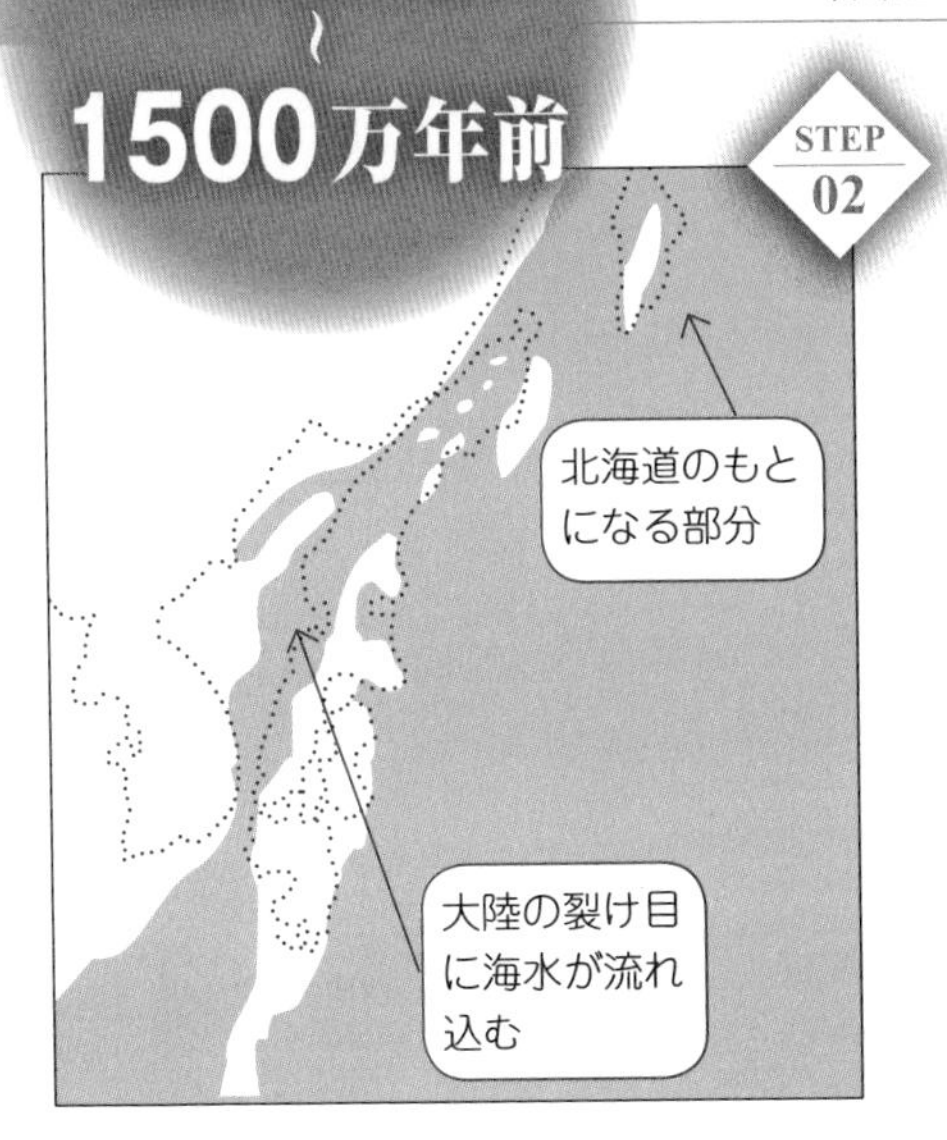

プレートの移動にともない、ユーラシア大陸の東端の大地が割れる。その割れ目に海水が流入し、日本海を作っていく。「日本海開裂（かいれつ）」である。ここに、日本列島が大陸から分離し、産声（うぶごえ）をあげるのだった。

2500万年前	大陸の割れ目に海水が流入しはじめ、日本海が形成されていく。
2100万年前〜	東北日本と西南日本が、大陸から分離し、回転していく。
1800万年前〜	東北日本と西南日本の間にフォッサマグナの地層が堆積。 巨大ザメのメガロドンが棲息。
1500万年前	青森県仏ヶ浦の、グリーンタフでできた地形が形成される。 和歌山県の橋杭岩の地形が形成される。

1500万〜300万年前

STEP 03

大陸から分離した東北日本と西南日本が、それぞれ反時計回りと時計回りに回転を続けながら、現在の位置に近づく中、フィリピン海プレートに載った島弧である伊豆弧が北上、本州に衝突していく。

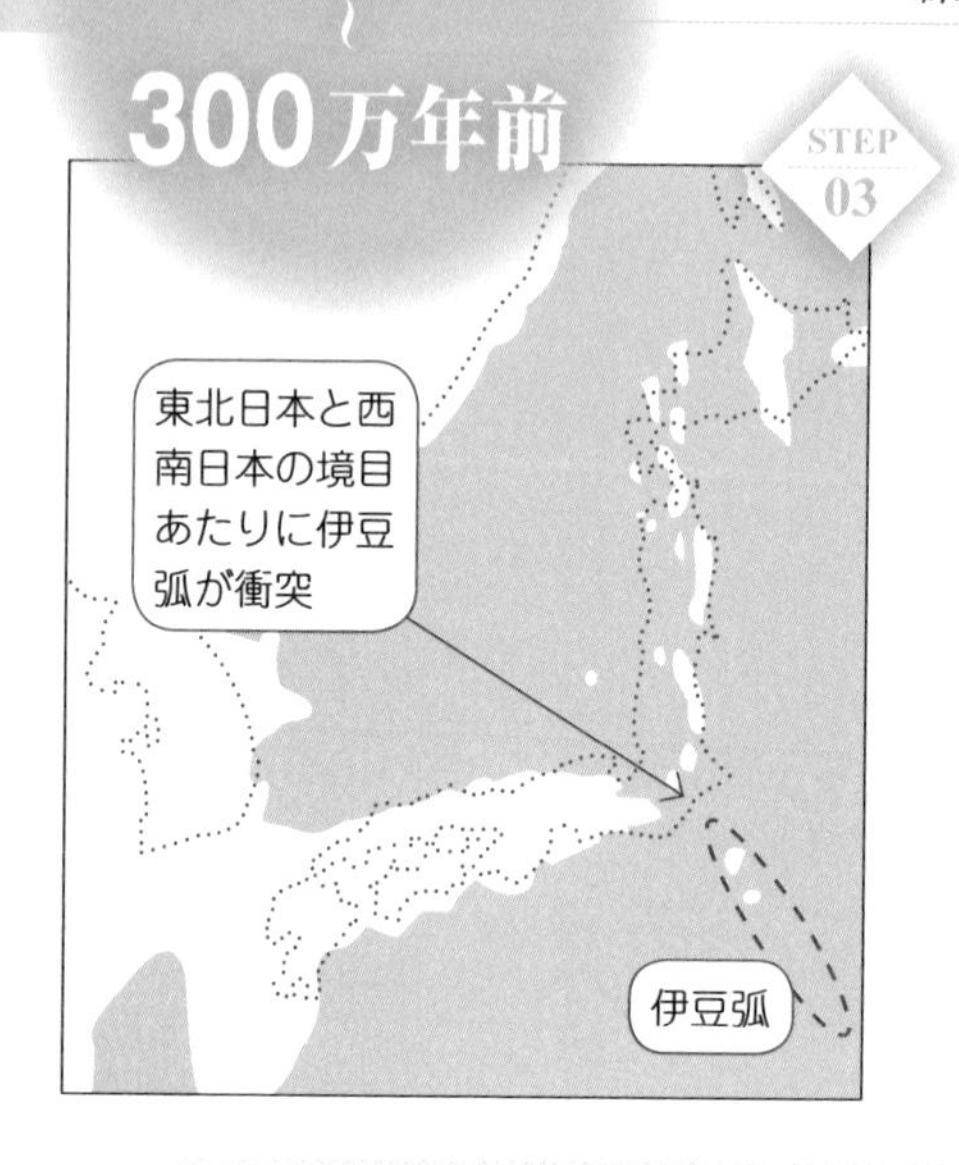

1500万年前	伊豆弧が北上し、本州に衝突しはじめる。
1500万〜1200万年前	櫛型山が本州に衝突。
900万年前	御坂山地が本州に衝突。
800万〜150万年前	宮崎県の「鬼の洗濯板」と呼ばれる地形が形成される。
600万年前〜	南西諸島が大陸から切り離されていく。
600万〜400万年前	地殻変動によって、琵琶湖の原型が形成される。
500万年前	丹沢山地が本州に衝突。 哺乳類コリフォドンが棲息。 水棲哺乳類タキカワカイギュウが棲息。
400万年前	巨大なミエゾウが棲息。
300万年前	フィリピン海プレートが、北西方向に進路を変える。

300万年前

STEP 04

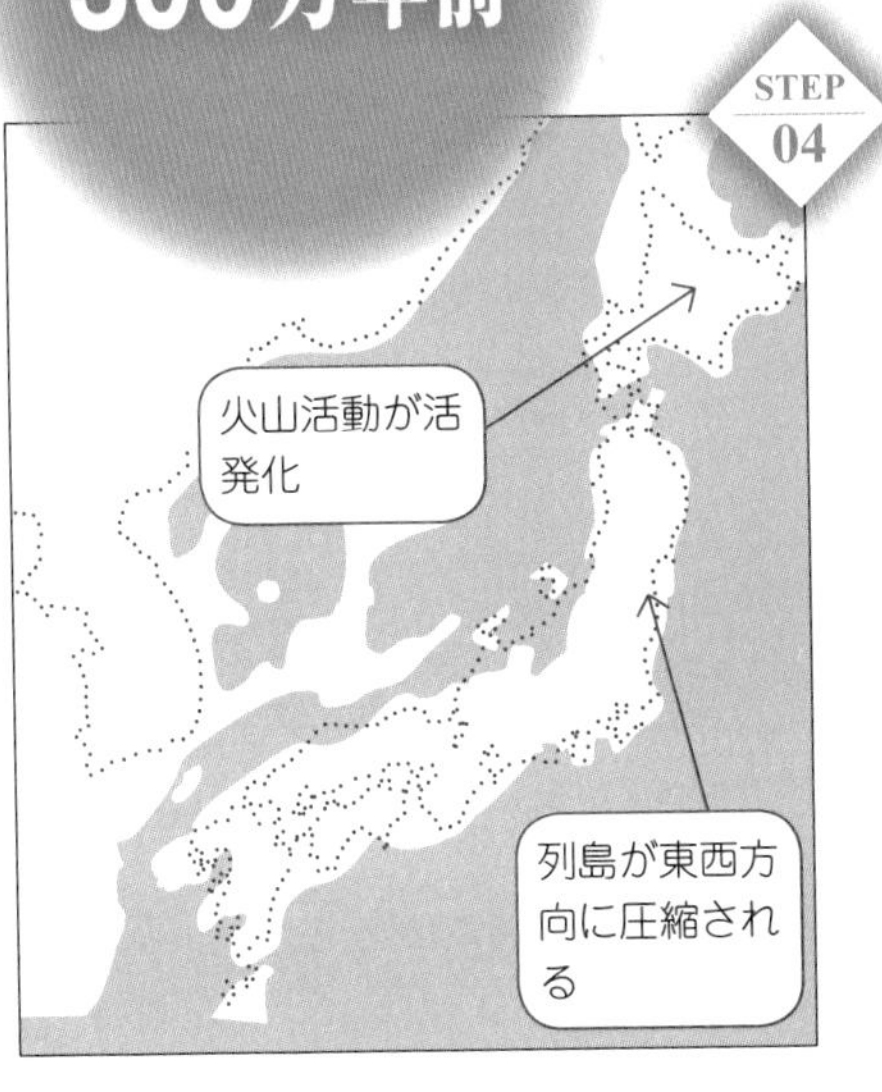

北上してきていたフィリピン海プレートが、北西方向に進路を変える。それにともなって、日本列島が東西方向に圧縮されはじめる。この「東西圧縮」により、東日本全体が隆起し、高い山脈が生まれるのである。

300万年前	日本列島の東西圧縮が始まる。北海道などで火山活動が活発化。
160万年前	火山の噴火により、兵庫県の玄武洞のもととなる玄武岩質の溶岩が流出。
150万年前	南西諸島がサンゴ礁をもつ島弧になっていく。
130万年前	京都盆地の原型が作られる。
100万年前	伊豆半島が本州に衝突。
77万年前	現在までの最後の地磁気逆転が起こり、「千葉セクション」の地層に痕跡を残す。
70万～20万年前	現在の富士山の位置の近くに、小御岳火山が誕生。
50万年前～	巨大なマチカネワニが棲息。
30万年前	サンゴ礁が地上に隆起し、沖縄の玉泉洞という鍾乳洞ができる。
27万年前	阿蘇山が活動を始める。
15万～14万年前	鳥取砂丘が形成される。

12万年前

STEP 05

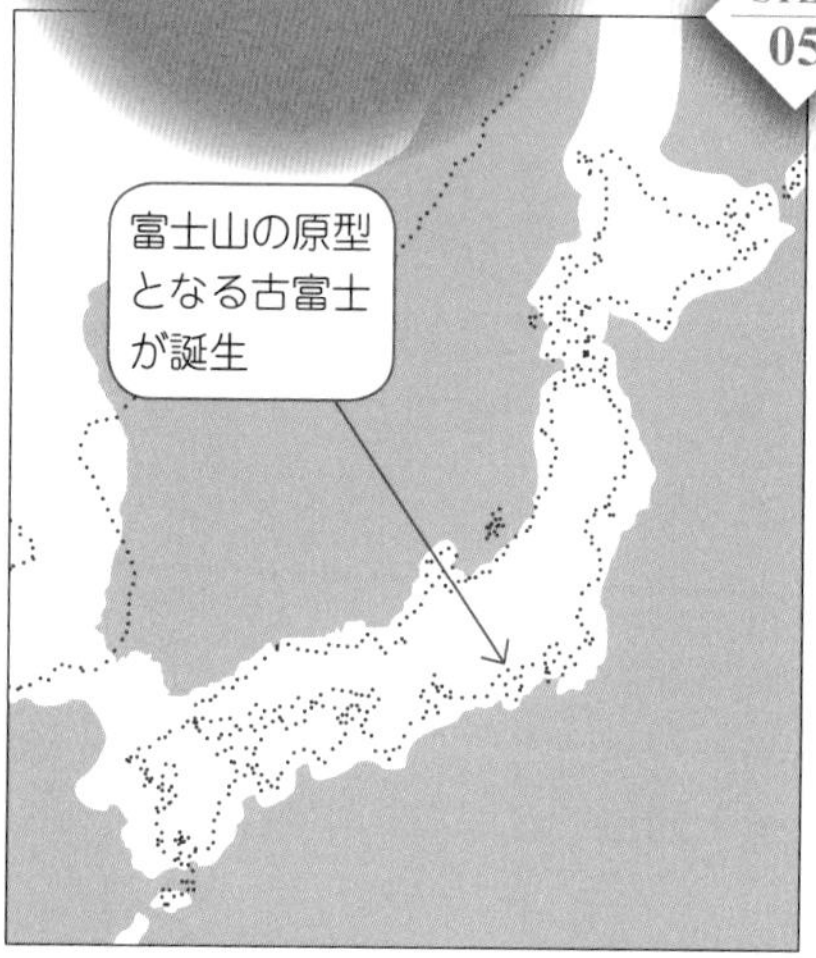

12万6000年前から始まる「後期更新世」には、日本列島の形が現在にかなり近づいている。7万年前からの「最終氷期」には、海水面が低下して、さまざまな場所が陸続きとなった。

11万年前〜	日高山脈や日本アルプスに氷河が存在。
10万年前	古富士が誕生。
9万年前	阿蘇山が最大規模の噴火を起こし、現在のカルデラを形成。
7万年前	地球が最終氷期に入り、海水面が低下。
4万5000〜3万7000年前	マンモスが、大陸から北海道へ移ってくる（第1期）。
3万8000年前	大陸から日本列島に人類がやってくる。
	磨製石斧などが作られる。
3万〜2万5000年前	磐梯山が大規模な山体崩壊を起こす。
2万5000〜2万年前	マンモスが、大陸から北海道へ移ってくる（第2期）。
2万1000年前	最終氷期最盛期。

2万年前

STEP 06

人類が住むようになった日本列島だが、気候の変動や、それにともなう海水面の上下を経験する。やがて列島は、母なる大陸から切り離され、独自の道を歩むようになるのである。

2万年前	北海道が現在に近い形にまとまってくる。
1万7000～1万1000年前	古富士のマグマの性質が変化し、新富士に移行。
1万3000年～1万2000年前	北海道と樺太の間（宗谷海峡）が海水面下に没する。
1万2000年前	最終氷期が終了し、気候が温暖になっていく。
	日本列島と大陸が陸続きではなくなる。
	日本列島の縄文人が、独自の文化をもつようになる。

1万年前〜現在

STEP 07

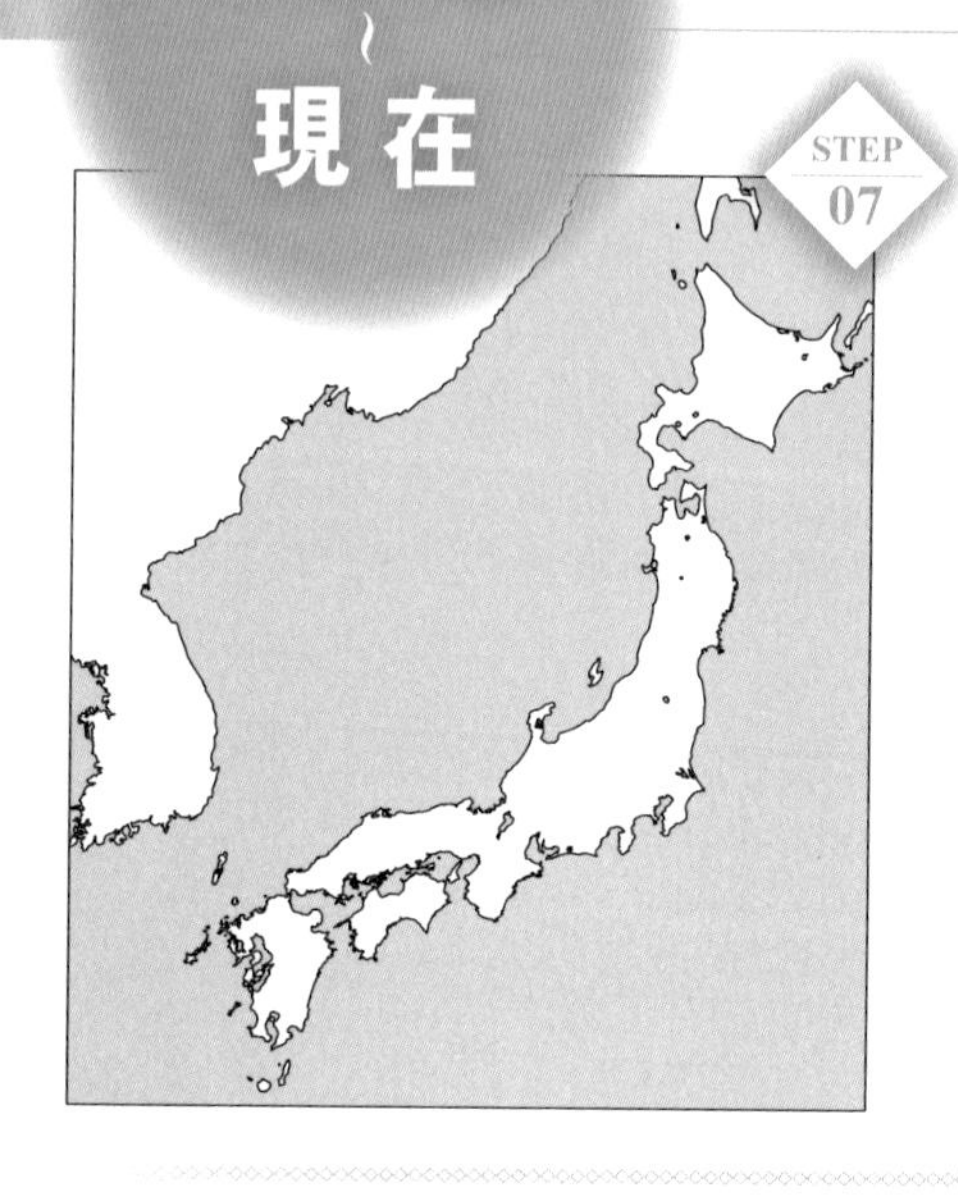

最終氷期の終わりとともに、日本列島は、ほぼ私たちの知る姿になる。しかし、大地が動きを止めたわけではない。日本列島は、今も静かに動きつづけ、変わりつづけているのである。

1万年前	日本列島の氷河の多くが消滅。
7300年前	鬼界アカホヤ噴火。
7200年前	屋久島の縄文杉が誕生。
5500〜4000年前	青森県の三内丸山遺跡の縄文集落が栄える。
3000年前	関東平野がほぼ現在の地形に。
	弥生時代が始まる。
2900年前	富士山が山体崩壊。
2〜3世紀	邪馬台国が栄える。
3世紀	ヤマト王権が興隆。
800〜802年	富士山の延暦噴火。
864年	富士山の貞観大噴火。
1707年	富士山の宝永大噴火。
1905年	ニホンオオカミの最後の生存情報。
1973年	西之島の噴火で新島が誕生。
1979年	ニホンカワウソの最後の目撃例。
2013年	西之島が再噴火、新しい陸地ができる。

第1章

日本列島 5億年の歩み

01

日本列島を作った地球のダイナミズム

陸地は移動する

▼ヴェーゲナーの大陸移動説

日本列島で発見されたもっとも古い地層は、およそ5億年前のものであり、当時、日本列島のもとになる地質体は、ユーラシア大陸の東端の一部だった。それが長い時間をかけて大陸から分離し、日本列島になったのだ。

なぜこのようなことが起こるのか。それを知るためには、地球の陸地が移動するメカニズムを知る必要がある。

1910年、ドイツの気象学者**アルフレート・ヴェーゲナー**（1880〜1930年）は、アフリカ大陸の西海岸と南アメリカ大陸の東海岸の形が、ジグゾーパズルのようにぴったりと合うことに気づいた。そのことから彼は、両大陸がもともとひとつの大陸だったのではないかと考えた。

そしてヴェーゲナーは1912年、地球の陸地は移動しているとする、**大陸移動説**を提唱する。

しかしこれは、専門家たちからは一笑（いっしょう）に付（ふ）された。巨大な大陸を動かす原動力が不明なのが、学説としては致命的だったのだ。

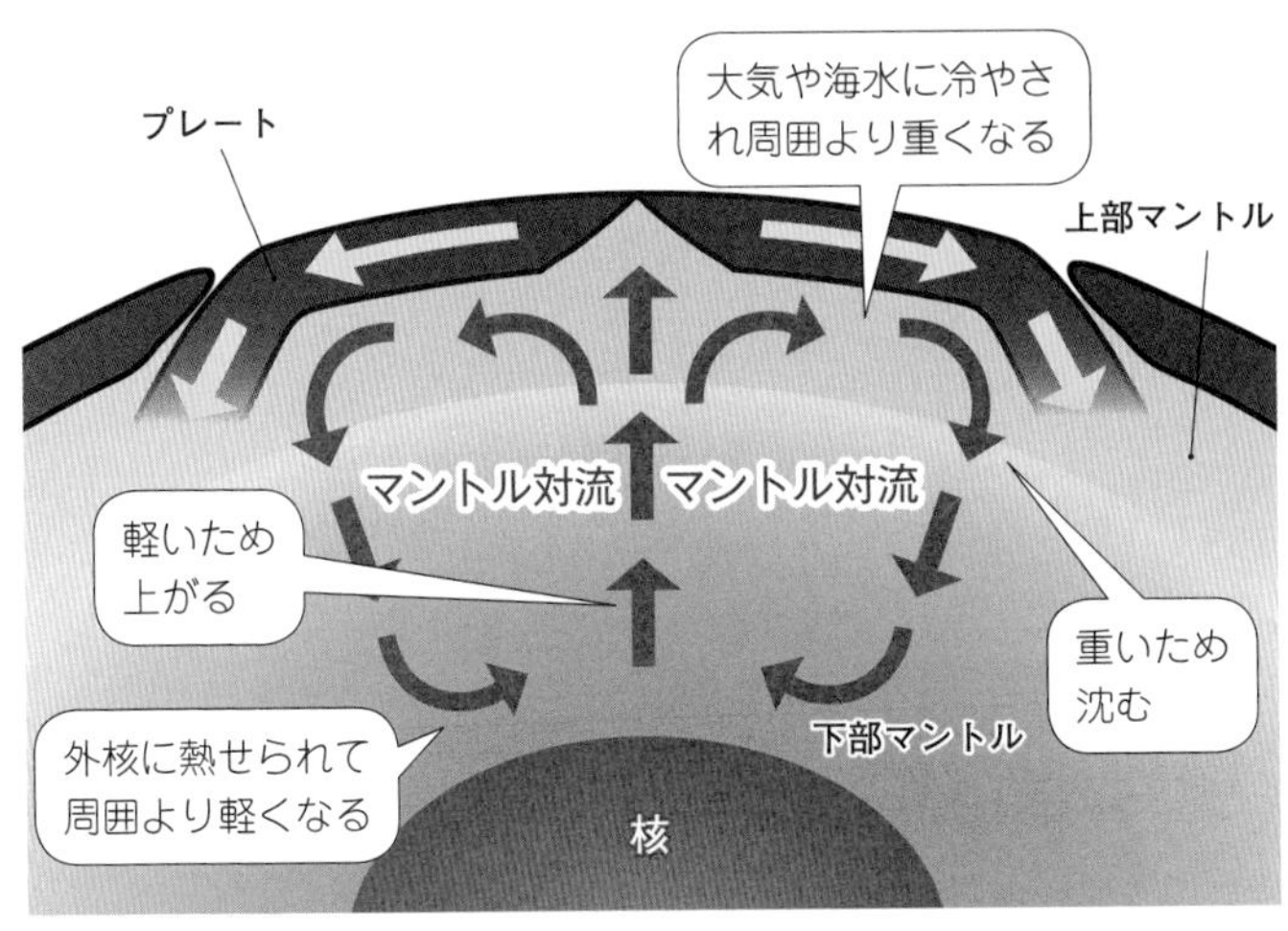

▲マントル対流とプレートの移動の模式図。日本列島を動かし、形作ってきたのも、このようなダイナミックな地球の仕組みである。

プレートテクトニクス理論

しかし20世紀後半になると、新たな学説**プレートテクトニクス理論**の発展を受け、大陸移動説が再評価されるようになった。

地球の中心には高温の**核**があって、**マントル**という岩石の層を熱して対流させており、この**マントル対流**は、地球の表面の**プレート**を動かしている。プレートとは、**上部マントル**の最上部とその外側の**地殻**(ちかく)が一体になった、地球の表面を覆(おお)う岩盤(がんばん)である。

つまり、マントル対流こそが、陸地を動かす原動力だったのである。近年では、プレートテクトニクスを発展させた**プルームテクトニクス**という理論も誕生している。

02

日本列島は特殊な位置にある！

プレートの出会う場所

2種類のプレート

地球上のプレートには、**大陸プレート**と**海洋プレート**の2種類がある。

大陸プレートは、密度が低くて軽いプレートであり、海洋プレートは逆に、密度が高くて重いプレートである。

日本列島は、大陸プレートである**ユーラシアプレート**と**北アメリカプレート**、および海洋プレートである**太平洋プレート**と**フィリピン海プレート**の、4つが隣接する位置にある。

プレート境界の3つのパターン

隣接したプレートの境界がどうなるかは、3つのパターンに分けられる。

ひとつめは**ずれる境界**で、境界に沿ってプレート同士が逆方向に動いていく。

ふたつめは**広がる境界**である。地球の内部から湧き上がってきたマントルが、冷やされて新たなプレートとなりつつ、外側に広がっていく。

3つめは**せばまる境界**で、プレート同士がぶつかるパターンだ。大陸プレート同士がぶつか

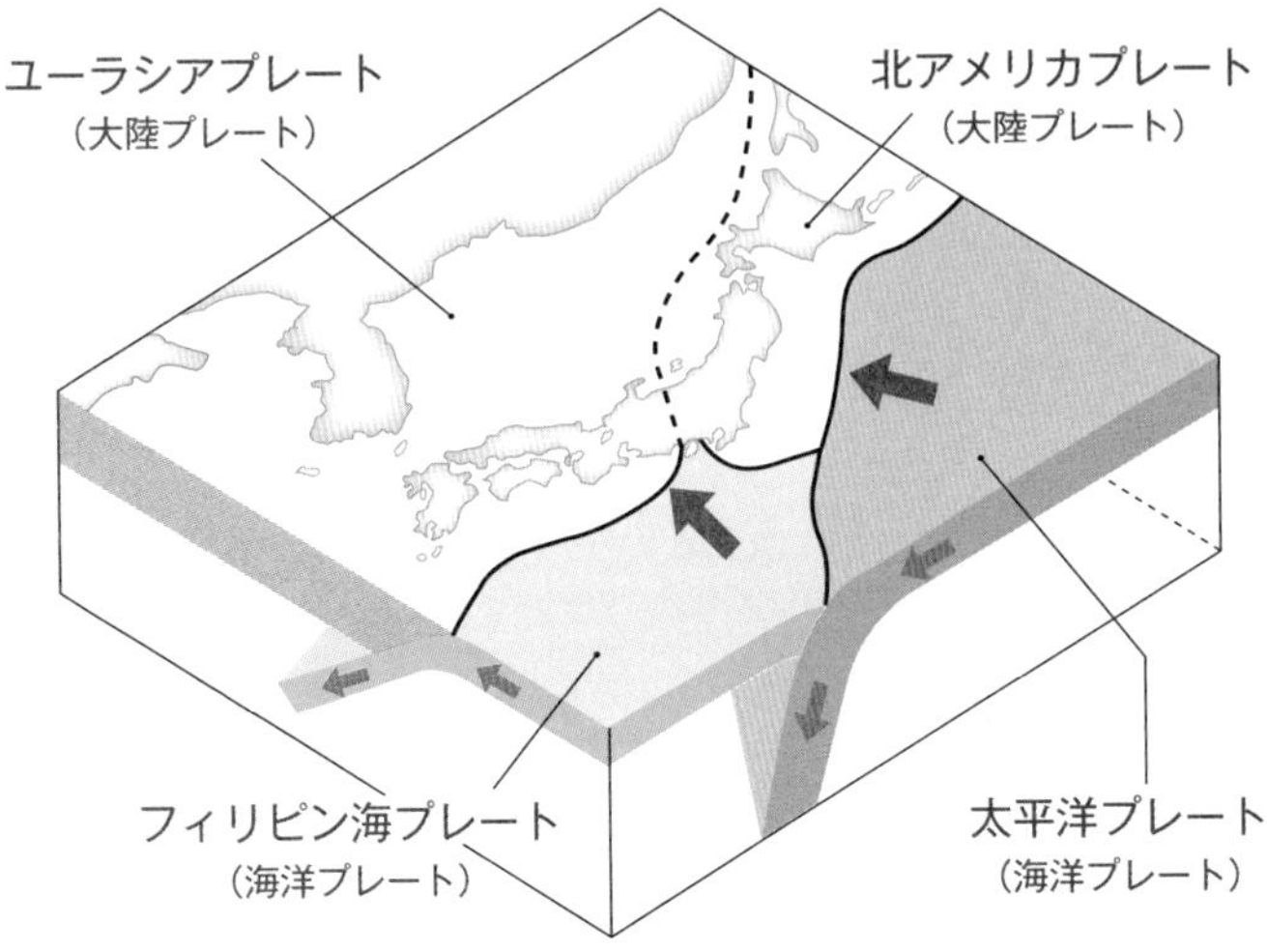

▲**日本列島は、ユーラシアプレート、北アメリカプレート、太平洋プレート、フィリピン海プレートの出会う、境界の密集地に位置している。**

ると、造山運動が起き、山脈が形成される。大陸プレートと海洋プレートがぶつかると、重い海洋プレートが、軽い大陸プレートの下に沈み込む。沈み込んだ海洋プレートは、ときに反発して、地震を引き起こす（１０８ページ参照）。

日本列島は、プレート同士がせばまっていく境界付近にある。せばまる境界は、日本列島を形成したおもな要因であり、日本に地震が多い原因のひとつでもある。

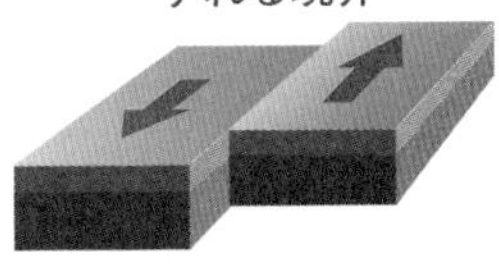

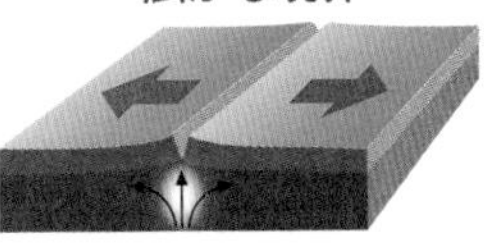

▲**プレート境界のパターン。**

03

日本列島のベースはどのようにして作られたか

付加体としての日本列島

付加体の概念

海洋プレートは、マントルが上昇してくる**海嶺**で作られ、長い年月をかけて移動するが、その上には、生物の死骸などの**堆積物**が積もる。

海洋プレートが大陸プレートに近づくと、重い海洋プレートは軽い大陸プレートの下に沈み込もうとする（そのような場所を**沈み込み帯**といい、**海溝**が形成される）。そのとき、大陸から川などによって運ばれた堆積物も、海洋プレートに降り積もっていく。

そして、海洋プレートがさらに大陸プレートの下にもぐり込んでいくと、海洋プレートに積もった軽い堆積物は、ちょうどブルドーザーによってすくい上げられるように、剥ぎ取られて大陸プレートの縁に付着する。

この付着した部分を、**付加体**という。付加体の概念は、日本の地質学者である**勘米良亀齢**（1923～2009年）によって提唱された。

じつは、日本列島の大部分は、この付加体である。日本列島の約7割が、付加体とその上に堆積した**堆積岩**によってできているといわれている。

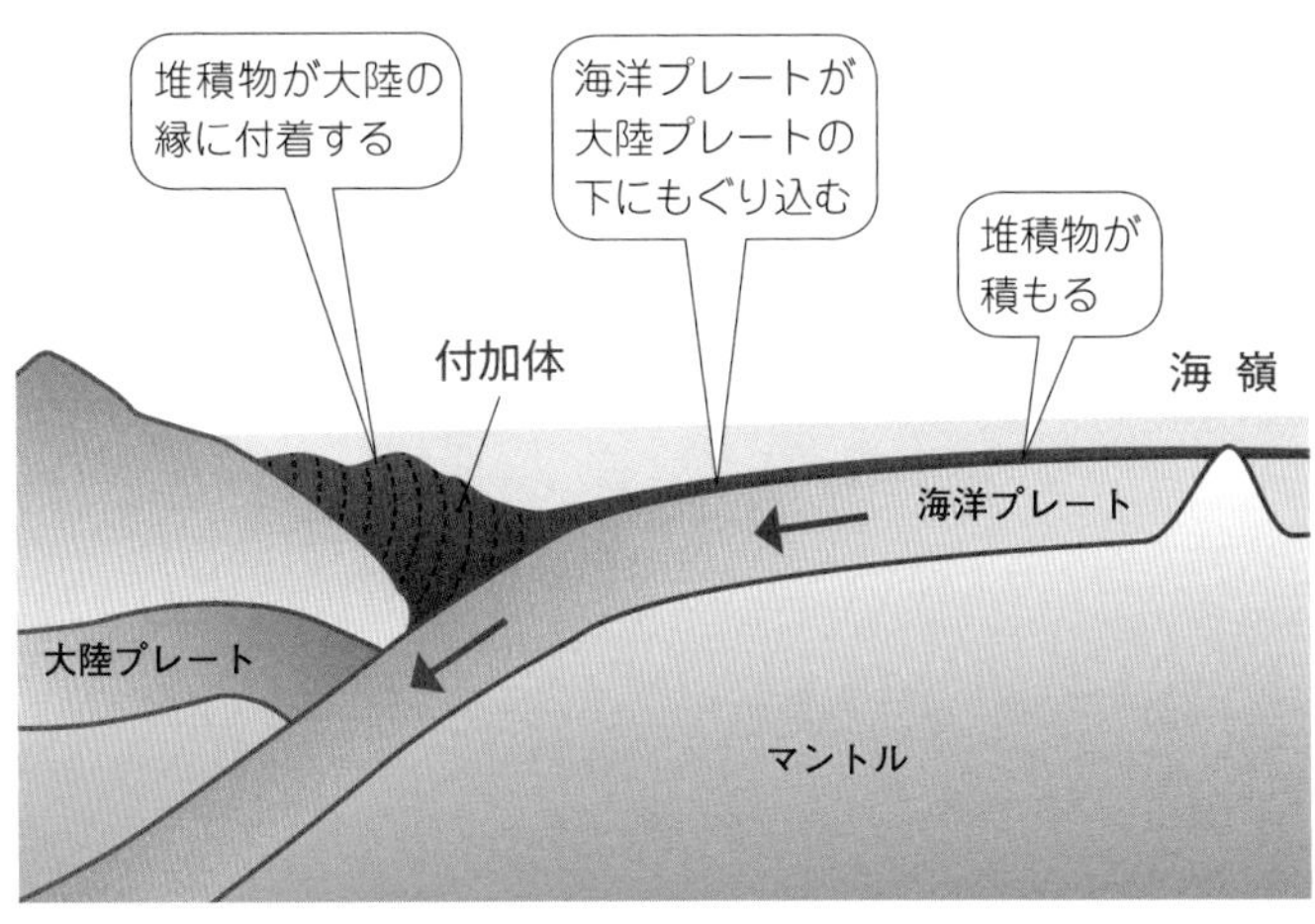

▲沈み込み帯における付加体形成の模式図。海洋プレートが大陸プレートの下にもぐり込むとき、堆積物が削り取られ、大陸プレートの縁に付着する。

5億年の歴史

日本列島のもととなる付加体は、5億年前から断続的に形成されてきたと考えられている。もっとも古い付加体と見られるのは、宮城県南部から茨城県にある、**母体**（もたい）**－松ヶ平帯**（まつがだいらたい）である。**鍾乳洞**（しょうにゅうどう）で有名な**秋芳洞**（あきよしどう）（90ページ参照）がある**秋吉台**（あきよしだい）は、2億5000万年前にできた付加体だと考えられている。

さらにジュラ紀（2億130万～1億4500万年前）にも付加体が形成されているが、この付加体の中には、恐竜などの大量絶滅の時期を記録している層が含まれており、大量絶滅の謎を解くカギがあるのではないかと注目されている。

04

日本海開裂の衝撃

大陸から分離して産声を上げる

大地が裂ける！

日本列島のもととなる地質が、付加体として形成されていたユーラシア大陸の東端に、3000万年前、ひと筋の亀裂（きれつ）が走った。

この亀裂は次第に広がっていき、2500万年前になると、太平洋の海水が流れ込みはじめた。

なぜユーラシア大陸の端が裂（さ）けたのだろうか。その理由についてはさまざまな説があるが、有力なのは次のようなものである。

▼海洋プレートの沈み込みにより、大陸プレートが海のほうへ伸び、ロールバックが起こる。東北日本と西南日本は、大陸から分離したのち回転した。

重い海洋プレートである**太平洋プレート**と**フィリピン海プレート**が、自らの重みによって、地球の内部へと沈み込む。

すると、そこに隙間（すきま）ができる。

その隙間を埋めるために、**ユーラシアプレート**が海のほうに向かって伸びる。そのとき、大陸に亀裂ができたのだという。

この現象は、**ロールバック**と呼ばれている。

海水の流れ込んだ亀裂は、さらに拡大していき、日本海となる。

このようにして日本海が誕生したことを、**日本海開裂**（かいれつ）という。

もしこの出来事がなかったとしたら、日本列島が誕生することもなかった。日本海開裂によって、日本列島は大陸から独立していったのである。

東北日本と西南日本の回転

2100万年前から1100万年前にかけて、断裂はさらに大きくなり、ふたつのかたまりが大陸から分離した。これらを、**東北日本**と**西南日本**と呼んでいる。

分離した東北日本は、やがてプレートの動きにともない、現在の知床（しれとこ）半島沖を中心に、反時計回りに40度から50度回転した。

また西南日本も、現在の長崎県対馬（つしま）の南西部を中心に、時計回りに40度から50度回転していった。この回転は、岩石の中の磁気を調査することによって判明している。

1500万年前になると、日本海はほぼ現在の状態になったという。

05

プレートの湾曲が原因？

日本列島はなぜ弓形か

列島が弓形になっている

日本列島は、5つの**島弧**（とうこ）が集まってできたものだと考えられている。**千島弧**（ちしま）、**東北日本弧**、**伊豆・小笠原・マリアナ島弧**（いず・おがさわら）（**伊豆弧**）、**西南日本弧**、そして**琉球弧**（りゅうきゅう）である。

これらの島弧は、弓のようにしなった形をしている。

このような島の連なりを**弧状列島**（こじょう）というが、なぜ弓形になるのだろうか。

▼日本を形成している5つの島弧。これらは直線的な形ではなく、弓形になっている。花を編んだ飾りにたとえて「花綵列島」（かさい）とも呼ばれる。

弓形になった理由は?

日本列島が弓形になった理由については、地形学者たちが、戦前からさまざまに議論していたが、20世紀後半以降は、**プレートテクトニクス理論**によって、その理由を解明できるとする説が現れた。

プレートは、平面のように思われるが、地球は球面なので、じつは湾曲(わんきょく)した板のような形になっている。重い海洋プレートが軽い大陸プレートの下にもぐり込む際、曲面のまま沈み込むので、地形は弓状にならざるをえない。

これは有力な説だが、ほかにも理由は考えられる。

沈み込む海洋プレート上に、海底山脈のように大きく出っぱった地形がある場合、これらが大陸プレートの下にもぐり込もうとするとき、沈み込み口を大陸側に押しやることになる。その結果、地形が湾曲し、弓形の列島を作るとも考えられるのだ。

どちらの説も、理論的には整合性が取れている。弓形の列島は、いくつもの理由が複雑にからみ合って形成されたのかもしれない。

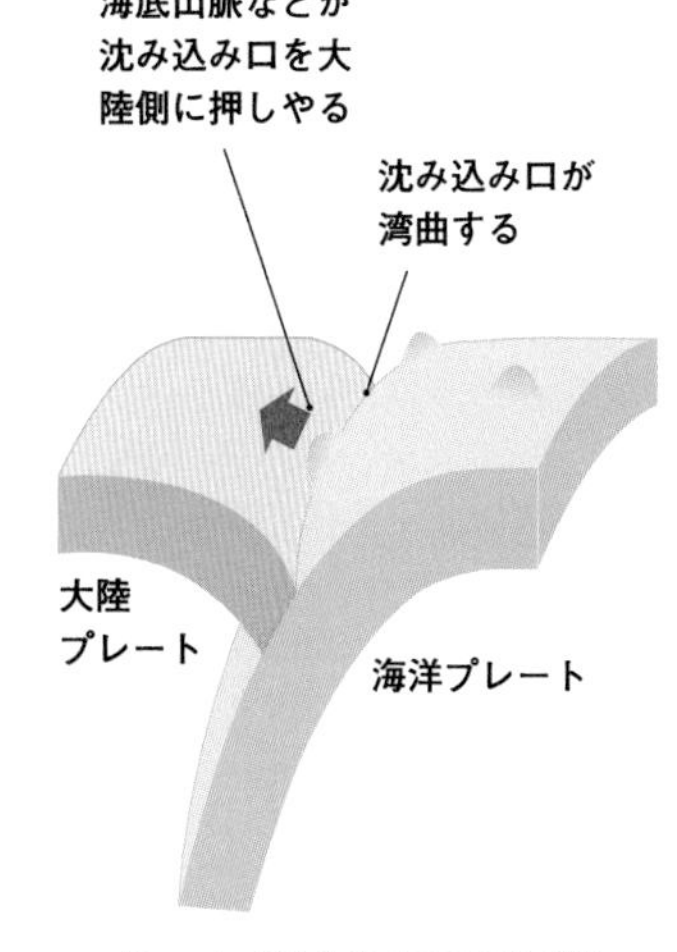

▲プレートの沈み込み口の模式図。

06

ふたつに分かれた日本をつなぐ

フォッサマグナとは何か

不思議な地溝帯

本州の東西方向の真ん中あたりに、**フォッサマグナ**と呼ばれる地溝帯（ちこうたい）がある。

発見者は、**ナウマンゾウ**（188ページ参照）の研究で有名なドイツの地質学者**ハインリッヒ・エドムント・ナウマン**（1854〜1927年）である。

フォッサマグナは、巨大な溝（みぞ）を、堆積した地層が埋めている構造になっている。その西端は、新潟県の糸魚川（いといがわ）と静岡を結ぶ**糸魚川静岡構造線**

▼フォッサマグナは、東北日本と西南日本の間の巨大な溝であり、そこだけ地質が異なっている。

である。東の端は、新潟県の新発田と小出を結ぶ**新発田小出構造線**、および新潟県柏崎と千葉を結ぶ**柏崎千葉構造線**であるとされる。

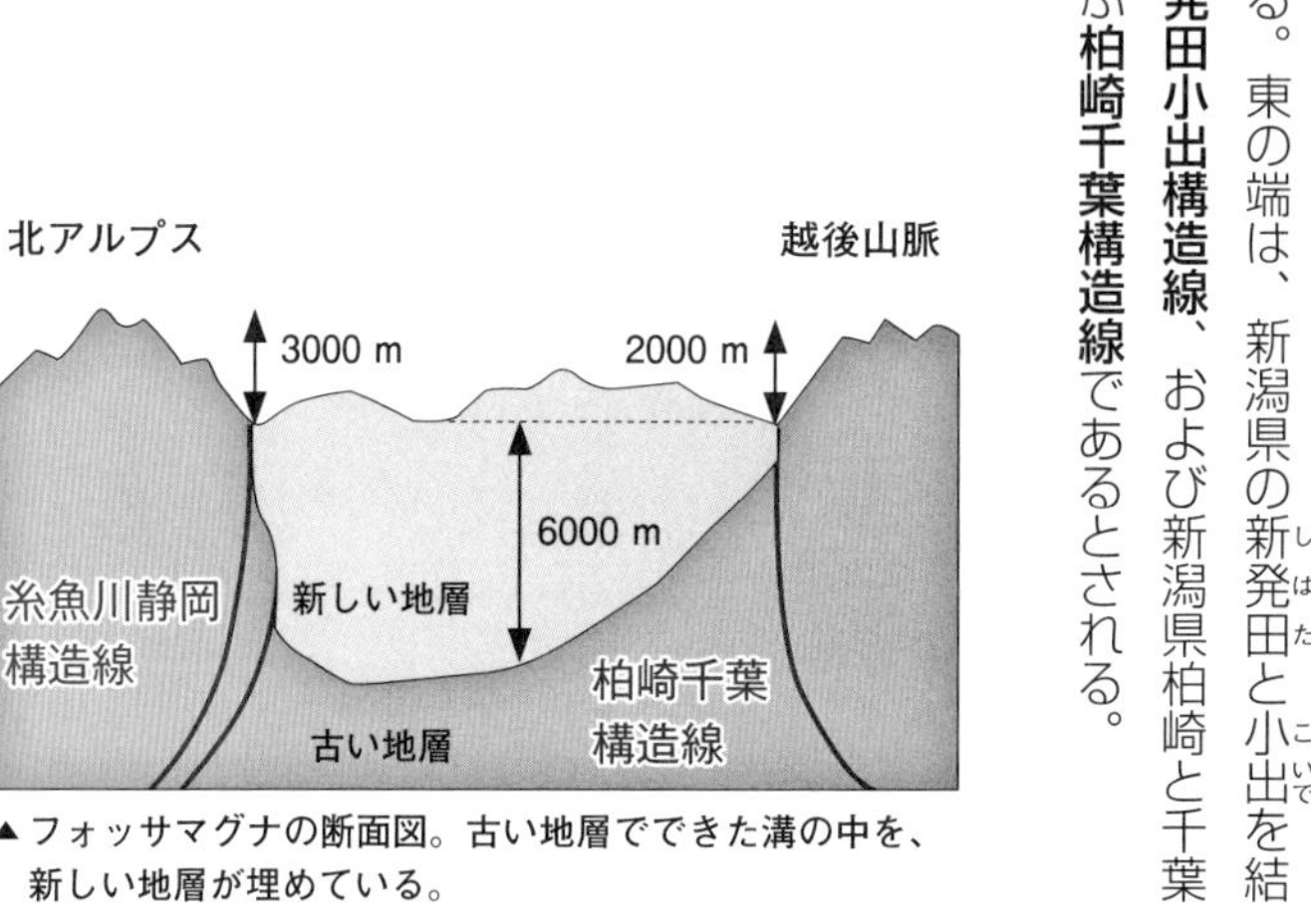

▲フォッサマグナの断面図。古い地層でできた溝の中を、新しい地層が埋めている。

東北日本と西南日本の架け橋

フォッサマグナの地層は、**東北日本**と**西南日本**がまだ分かれていたときに形成されたと考えられている。

そのころ、東北日本と西南日本の間は海であり、太平洋と日本海はつながっていた。そのふたつの陸地の間に、長い時間をかけてさまざまなものが堆積し、地層が形成されたのである。

一説によると、**伊豆弧**がフィリピン海プレートに載って接近してきたとき（30ページ参照）、この陸地の間が隆起して、東北日本と西南日本をつなぐ架け橋になったという。さらに伊豆の衝突が進行すると、東北日本と西南日本は強固に結ばれて、本州はひとつの島となったのだ。

07

伊豆弧が本州に衝突

富士山が日本一高い山になった原因!

火山列島だった伊豆弧

2000万年前、**伊豆半島**のもとになる地形は、海底火山が列をなしている浅い海で、火山島が海面上に顔を出しているような状態だった。今よりはるか南にあり、フィリピン海プレートに載っていた。

そんな状態の**伊豆弧**が、フィリピン海プレートとともに噴火をくり返しながら、年間4～5センチの速度で北上してきた。

そして1500万～1200万年前ごろには、現在の山梨県にある**櫛型山**(くしがたやま)が、本州に激突したのだった。

900万年前には、山梨県南部にある**御坂山地**(みさか)が、500万年前には、現在の神奈川県北西部にある**丹沢山地**(たんざわ)が、本州に次々と衝突していく。

そして100万年前には、伊豆半島のもととなるかたまりがぶつかり、そのまま半島を形成していったのである。

伊豆弧の海底火山が次々と本州に衝突することで、本州の地盤は圧縮され、盛り上がるようになった。

ソメイヨシノも富士山も

伊豆弧の衝突がもたらした影響は、ほかにもある。桜の**ソメイヨシノ**は、オオシマザクラとエドヒガンという品種が交配してできたものだが、本土固有のオオシマザクラと伊豆に自生していたエドヒガンが、伊豆衝突によってひとつの種になったという説があるのだ。もしそれが本当なら、お花見を楽しめるのも、伊豆衝突のおかげということになる。

また、**富士山**（38～41ページ参照）が威風（いふう）堂々（どうどう）とした高さになったのも、伊豆衝突が要因のひとつだと考えられている。

じつは、この衝突はまだ終わっていない。今も伊豆半島は、本州を押しつづけているのだ。

▼伊豆弧が本州に衝突し、伊豆半島となっていく過程。

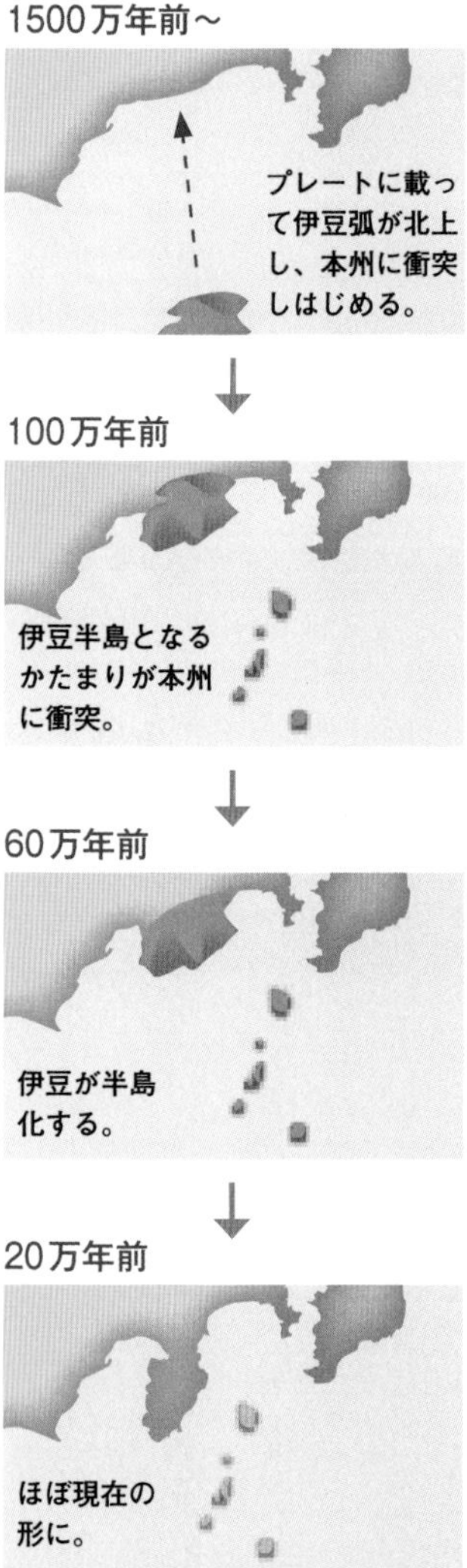

1500万年前～

プレートに載って伊豆弧が北上し、本州に衝突しはじめる。

↓

100万年前

伊豆半島となるかたまりが本州に衝突。

↓

60万年前

伊豆が半島化する。

↓

20万年前

ほぼ現在の形に。

08

高い山脈はこうしてできた！

日本列島の東西圧縮

フィリピン海プレートの進路変更

東日本の各地を地質調査した結果、300万年前を境にして、東日本全体がいっせいに隆起しはじめたことが明らかになっている。日本列島は、もとは平坦な島であったらしい。それが突然、現在のようなけわしい山脈が連なる山国へと変貌したのである。

300万年前に、いったい何があったのだろうか。

調べてみると、今から300万年前、北上していたフィリピン海プレートが突如、進路を北西に変えたことがわかった。太平洋プレートとぶつかって、それ以上北へ進めなくなったかららしい。すると日本海溝も西へ動いて、東日本を圧縮しはじめたと考えられている。

また、海洋プレートの表面には、山や谷の凹凸がある。それによって、大陸プレートに沈み込むときに摩擦が生じ、その摩擦力が、日本列島の東西の向きに働いて圧縮する作用になったという説もある。

いずれにせよ、300万年前から、**日本列島の東西圧縮**が始まったのだ。

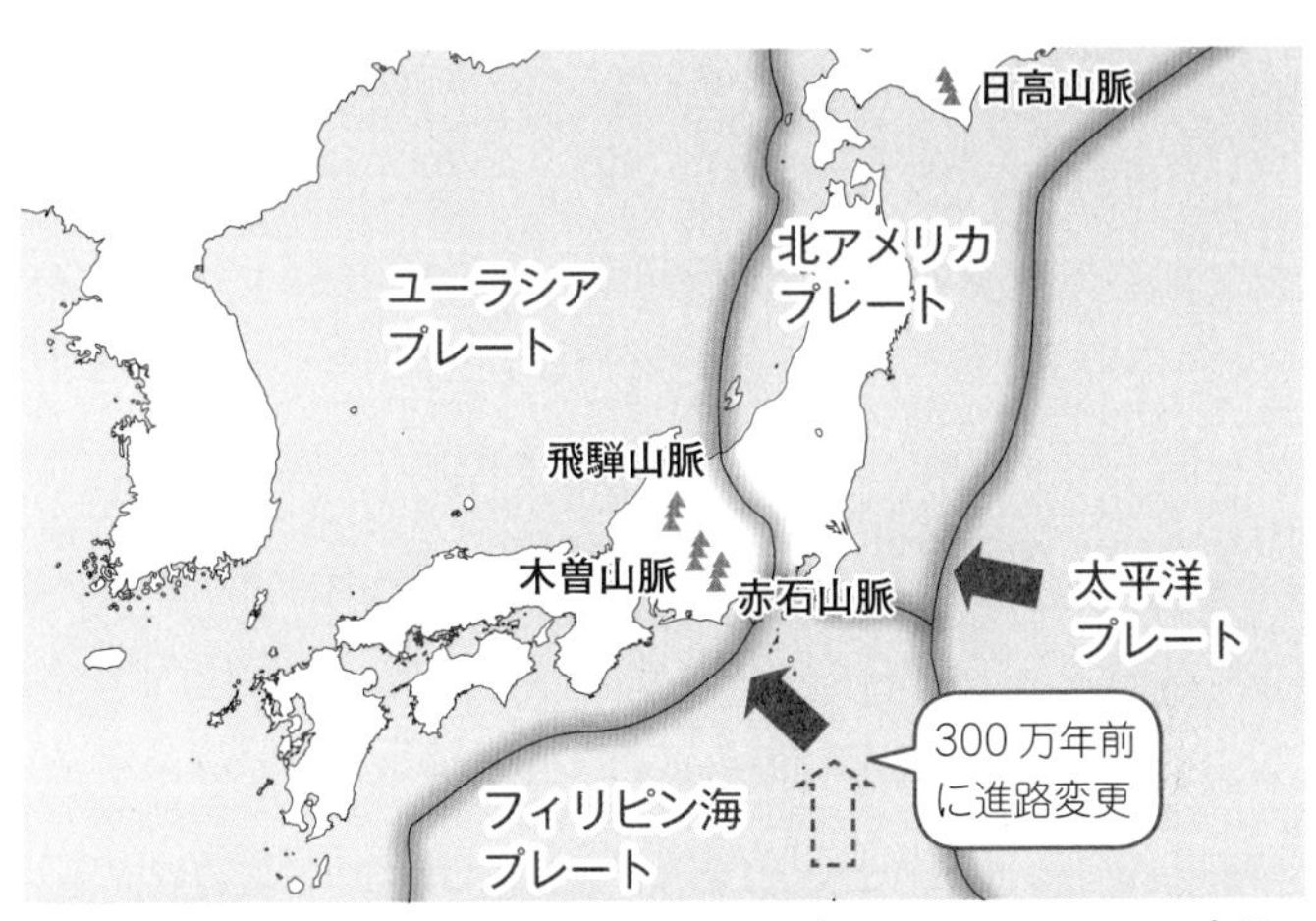

▲300万年前、フィリピン海プレートが太平洋プレートとぶつかり、西寄りに進路変更した。そのせいで列島の東西圧縮が始まり、日本アルプスが誕生した。

隆起する山脈

日本列島が東西に圧縮されると、シワがよるように山脈ができはじめた。

北海道では中央部が隆起し、130キロにおよぶ大山脈ができた。これが**日高山脈**である。

中部地方では、**飛騨山脈**（**北アルプス**）が形成されていった。さらに、硬くて古い岩盤に力がかかって割れ、**断層**（地層や岩盤が割れてずれた状態、50ページ参照）ができると、この断層に囲まれた部分が隆起して、**木曽山脈**（**中央アルプス**）や**赤石山脈**（**南アルプス**）が誕生した。「日本の屋根」とも呼ばれる**日本アルプス**の山々は、東西圧縮の力によって生まれたのである。

09

日本アルプスの氷河

現在の日本にも氷河が存在していた！

氷河とは何か

氷河とは、長年にわたって降りつづいた雪が、解けずに残って分厚く積み重なり、自らの重みによってゆっくりと移動する氷塊になったもののことである。

この氷河、じつは地球の陸地の表面の11パーセントを覆っている。

氷河は、河川と同じように**侵食**（地形を削ること）と**堆積**のはたらきをもつ。

氷河によって侵食された独特の地形に、**カール**（お椀状になった谷）や**トラフ谷**（U字形になった谷）などがあり、堆積によってできた地形に、**モレーン**（土手のようになった地形）や**エスカー**（長い堤防状の地形）などがある。

日本の氷河

日本列島でも、地球全体が寒冷だった11万〜1万年前には、日本アルプスや北海道の日高山脈に、氷河が存在していた痕跡が確認されている。

しかし現在は、氷の厚さが数十メートル以上で山麓へ移動していくような氷河は、日本には存在しないとされてきた。

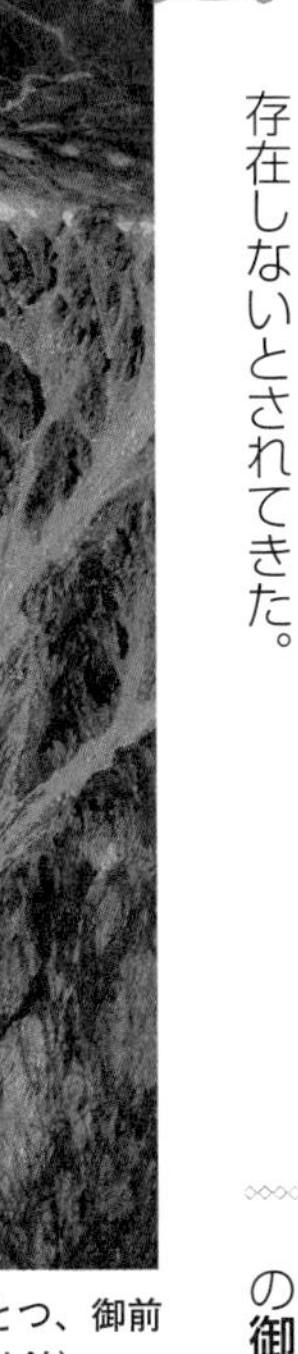
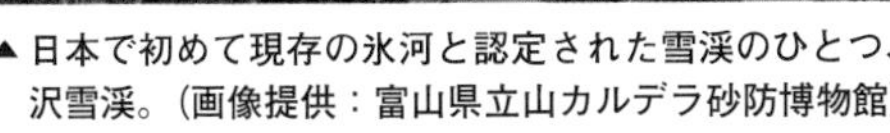

▲日本で初めて現存の氷河と認定された雪渓のひとつ、御前沢雪渓。（画像提供：富山県立山カルデラ砂防博物館）

だが2012年、日本アルプスにある3つの雪渓が、現存する氷河として認定された。立山の**御前沢雪渓**と、剱岳の**三ノ窓雪渓**・**小窓雪渓**である。

調査したのは、富山県立山カルデラ砂防博物館の学芸員たちだった。雪の厚みも十分、継続的な移動も確認された。

3つの雪渓は、日本で初めて、現存する氷河だと認められたのだ。

その後、飛騨山脈の中の鹿島槍ヶ岳にある**カクネ里雪渓**も、氷河であることが確定した。現在、ほかにも氷河ではないかといわれる場所があり、日本国内には最多で6つの氷河があるという。

10

北海道の移り変わり

長い時間をかけて変化した北の大地

大陸の一部と島々だった北海道

今から8000万年前、**北海道**は、西半分はユーラシア大陸の東海岸の一部で、東半分は大陸近くに点在する島々だった。

4500万年前、プレートの動きにしたがって、広範囲に散らばっていた北海道の部分が集まりはじめた。2000万年前から、それらがぶつかり合い、ひとつの島にまとまっていく。

8000万年前
陸地
海溝
北海道の原型
海

4500万年前

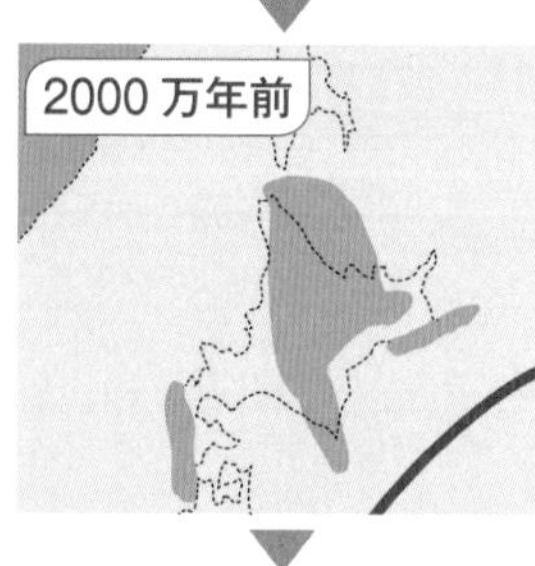

▲長い年月をかけて姿を変えていった北海道。

300万年前には**火山活動**が活発化し、2万年前に、現在に近い姿になったと考えられている。

本州より大陸に近い生物相

数万年前の氷期には、海水面が下がっており、**宗谷岬**（現在の日本本土の最北端）は、大陸と陸続きだった。そのためシベリアからマンモスなどがやってきた。そして獲物を追いかけて、人類も北海道に渡ってきたのである。彼らがやがて**縄文人**になったものと推測されている。

▼氷期には、北海道は樺太とつながっており、大陸と陸続きだった。

2万年前
樺太
宗谷岬
海を覆う氷
ブラキストン線

さらに、1万3000〜1万2000年前には、別ルートで大陸からやってきた縄文人たちが、温暖になって住みやすくなった北海道に、本州から上陸した形跡がある。

しかし、人間以外の動物にとって、本州と北海道の間の**津軽海峡**を越えるのは困難だった。そのため、北海道と本州では生物相が大きく異なっている。

博物学者**トーマス・ブレーキストン**（1832〜1891年）は、ここに動植物の分布境界線が存在すると指摘した。**ブラキストン線**である。ツキノワグマやニホンザルなどはこれを北限とし、ヒグマやエゾリスなどはこれを南限としているのだ。

11 古富士火山の活動

富士山の前身の誕生と成長

古富士の誕生

富士山は日本一高い山であり（標高3776メートル）、もっとも美しい山だともされている。日本列島のシンボルとも呼べる山であることは間違いないだろう。

では、その富士山は、どのようにしてできたのだろうか。

現在の富士山の位置の近く、**先小御岳**（せんこみたけ）**火山**という火山があったところに、70万～20万年前、**小御岳**（こみたけ）**火山**が誕生した。また、その隣にも**愛鷹**（あしたか）**火山**が生まれ、それらの火山は盛んに火山活動を行った。

それらの火山が作った大地を土台に、10万年前、新しい火山が姿を現した。この火山を**古富士火山**という。

古富士の成長

小御岳火山と愛鷹火山は、やがて活動を停止したが、古富士は爆発的な火山活動を続け、火山灰や溶岩を噴出しながら小御岳火山を覆い、

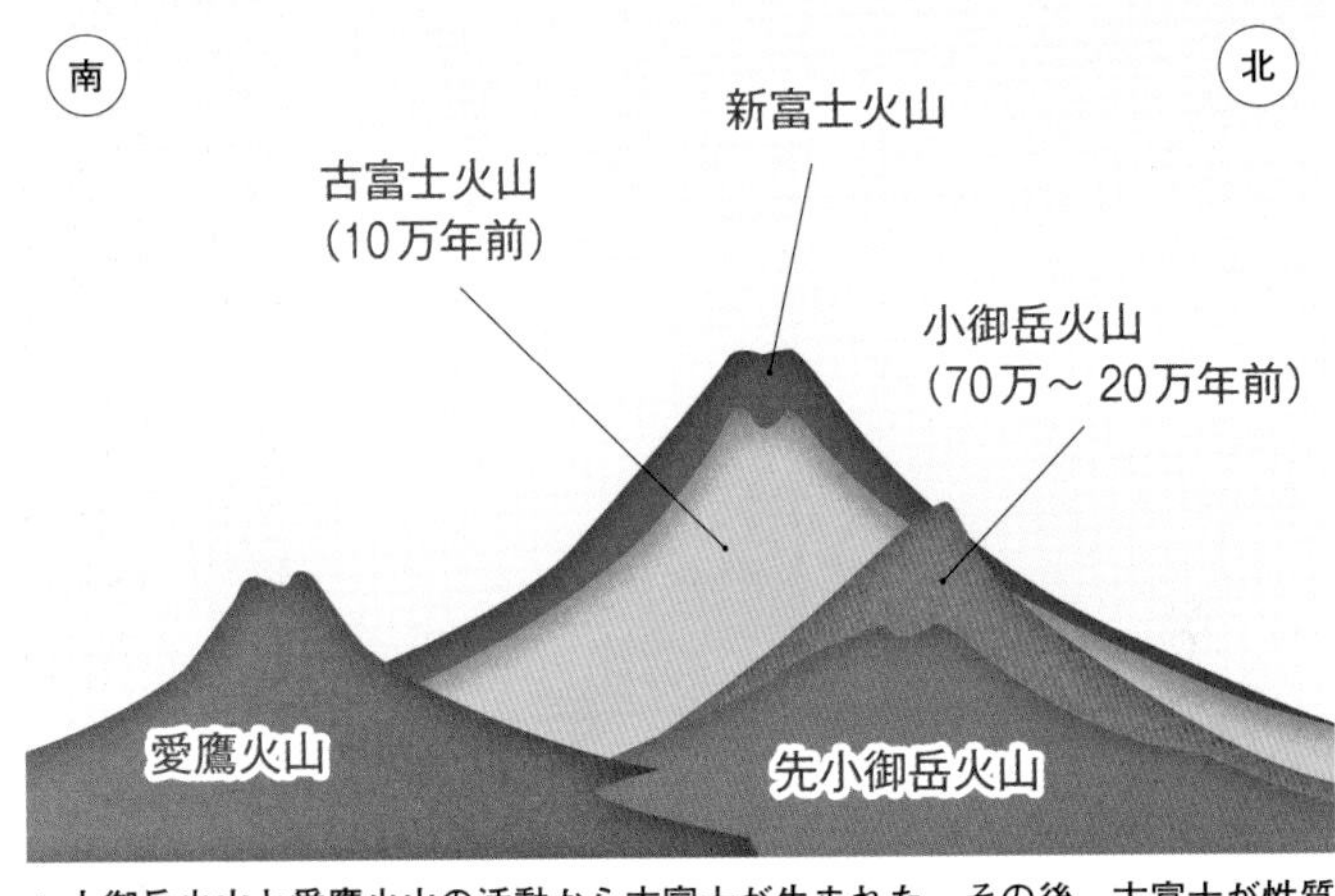

▲小御岳火山と愛鷹火山の活動から古富士が生まれた。その後、古富士が性質を変えながら成長し、現在の新富士となっていった。

3000メートル級の山体へと大きく成長していった。

東京付近では、粘性の高い**関東ローム層**という土壌が広がっているが、これは、古富士から飛んできた火山灰と、箱根山からの火山灰によって作られたものだ。古富士の火山灰は褐色であり、箱根山の火山灰は白っぽいので、容易に見分けることができる。

古富士などの火山活動によって、数々の湖も誕生する。

東には**宇津湖**が生まれた。これは現在は**山中湖**と**忍野八海**となっている。

北には**古せの海**ができた。これは現在は**河口湖**・**西湖**・**精進湖**・**本栖湖**となっている。

これらのうち、山中湖・河口湖・西湖・精進湖・本栖湖が、**富士五湖**と呼ばれる。

12

日本を代表する高峰 富士山

私たちの知る富士山はこうして作られた

新富士への移行

1万7000～1万1000年前、古富士のマグマの性質が変化していった。

それまでの爆発的な噴火だけでなく、ダラダラとした溶岩の流出も見せるようになったのである。

これは、**古富士から新富士への移行期間**だといえる。

そののち、今から5000年前に富士山は新しい火山活動を始め、さらに大きく成長した。

こうして**新富士**は、私たちの知る現在の姿に変わっていくのである。

新富士火山の噴火

新富士は、縄文時代後期に4回噴火している。その際、富士山は**スコリア**を大量に噴出した。スコリアとは、鉄分の多い黒色のマグマが発泡(はっぽう)しながら固まったものである。

2900年前には、大きな**山体崩壊**を起こしている。山頂部からの爆発的噴火が最後に起こったのは、2300年前だとされる。

歴史時代に入ってからも、富士山は何度も噴火した。

800年には**延暦噴火**と呼ばれる噴火が起こった。これにより、相模国足柄路が1年ほど閉鎖されたことが、『日本紀略』という書物に書かれている。

864から起こった**貞観大噴火**では、大量に流れ出した溶岩が、大きな湖である**せの海**を埋めて、**西湖**と**精進湖**に分断した。また、**青木ヶ原**の樹海もこのとき作られた。

1707年の**宝永大噴火**では、江戸の町に大量の火山灰が降り注いだ。

このように噴火をくり返しながら、富士山は形を整えていき、現在のような美しい姿になったのだ。

▼現在の富士山の姿。日本列島を象徴する山である。

13

日本列島史上最大の噴火

薩摩硫黄島の大噴火

鬼界カルデラを生んだ大噴火

火山の活動によって形成された、大きなくぼ地のことを、**カルデラ**という。

九州南端から南に30キロ行ったところに、**鬼界カルデラ**がある。このカルデラは水深400メートルの海底にあるが、その縁に**竹島**と**昭和硫黄島**、そして**薩摩硫黄島**が顔を出している。

鬼界カルデラを形成したのは、今から7300年前、この薩摩硫黄島で起きた大噴火だった。この噴火は**鬼界アカホヤ噴火**と呼ばれている。

マグマが一気に地上へ噴出し、地球規模の環境変化や大量絶滅を引き起こすため、**破局噴火**と名づけられているタイプの噴火だった。

鬼界アカホヤ噴火は、最近1万年の間に起こった地球上の噴火の中では最大のもので、噴出物の量は150〜170立方キロメートルだったという。

噴出した**火砕流**は、種子島や屋久島、100キロ離れた薩摩半島や大隅半島にまでおよんだ。火砕流に襲われた地域では火災が起き、当時すでに住み着いていた人々だけでなく、多くの生物を焼き尽くしたと思われる。

▲現在の薩摩硫黄島。鬼界カルデラの縁にあたる。（写真：国土交通省国土地理院）

絶滅した縄文文化

火山灰は、宮崎県南部では60センチを超えて積もったことが、地層などの調査でわかっている。この噴火によって、九州や四国の縄文人たちは、生活できる場を奪われ、そのせいでこの地の縄文文化は壊滅したと見られている。

九州には、貝殻（かいがら）模様の土器や舟などを作る、高度な文明の海洋民族が住んでいた跡が残っているが、彼らも消滅している。この噴火後1000年ほど、九州は無人になったほどで、その破壊力は絶大だった。

火山灰は、紀伊半島や山陽地方でも20センチ以上降り積もり、遠く東北南部にまで達したという。

14

日本一広い平野はどのように作られたか

関東平野の形成

通常の平野は堆積で作られる

関東平野は日本一広い平野である。その面積は約1万7000平方キロメートルもある。四国の面積が、1万8000平方キロメートルほどだから、その大きさがうかがえるだろう。

なぜこれほどまでに広い平野ができたかを知るために、まず、通常の平野のでき方を見てみよう。

日本の平野の大半は、川などによって運ばれた土砂が**堆積**してできている。**侵食**作用によって山地から削り取られた土砂は、川を流れていくが、海に近づいてだんだん流れが弱まってくると、川底に土砂を置いていくようになり、これが積もり積もると平野となるのである。土砂はほぼ水平に堆積するので、平らな土地ができるわけだ。

前弧海盆が関東平野に

ところが、関東平野の成り立ちは違っている。関東平野は、じつは海底にできたのだ。

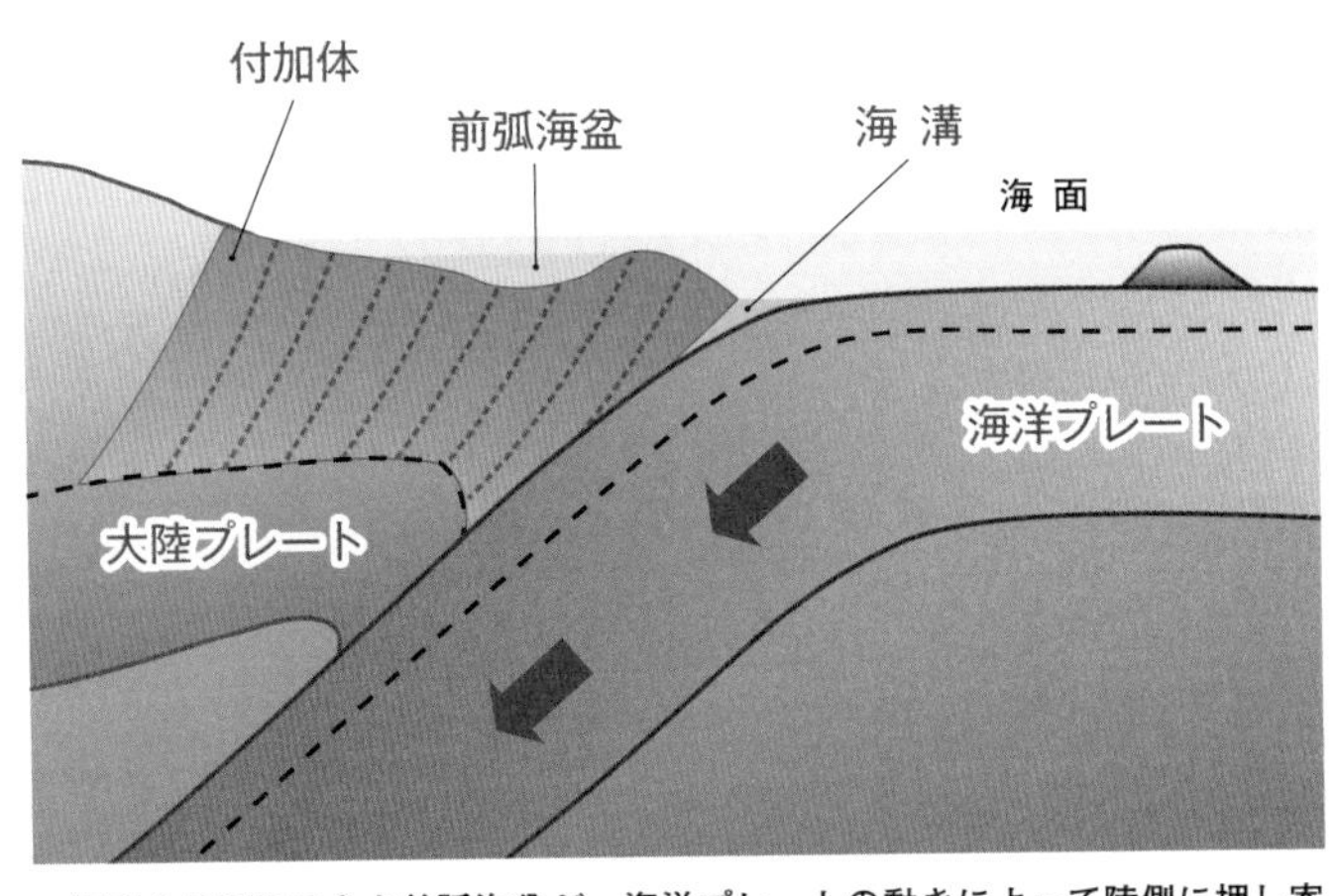

▲海面より下にできた前弧海盆が、海洋プレートの動きによって陸側に押し寄せられ、広い関東平野となった。

海洋プレートが大陸プレートの下にもぐり込むことで、**前弧海盆**（ぜんこかいぼん）と呼ばれるくぼみが海底にできる。そこに陸からの堆積物がたまって、平らになる。これが関東平野の前身だ。

それが陸になったのは、伊豆弧を載せて日本列島に接近してきたフィリピン海プレートによって、陸側に寄せられてきたからである。陸に近づいた前弧海盆に、陸からの堆積物が積もっていき、関東平野になったのだ。

つまり、関東平野が広いのは、もともと広大な面積があった海底の盆地が、陸上に現れたためだといえるだろう。関東平野は海底で盆地の状態だったため、現在も中央部は沈降（ちんこう）し、周囲の山地は隆起している。

ちなみに、江戸時代から続く埋め立て事業も多少、関東平野の広さに関与している。

15

西之島新島の誕生

新たに形成された島

噴火と侵食

日本列島の形成史には、つねに新しいページが書き加えられつづけている。

西之島(にしのしま)は、小笠原諸島（東京都）に属する無人島で、父島(ちちじま)の西に位置している。この島の正体は、直径30キロ、高さ4000メートルの、富士山よりも巨大な海底火山である。それが山頂だけ海面上に顔を出して、西之島になっているのだ。

この火山が1973年に噴火し、大量の溶岩や噴出物が堆積して、新しい陸地を形成した。これが**西之島新島**(しんとう)である。新島は、やがて西之島と合体する。

西之島新島は1年以上も噴火を続けたが、それが終わって陸地の拡大が収まると、今度は波の侵食を受けて縮小していった。

じつはこれまで、日本の領海内では、火山の噴火によって、多くの新しい島が出現している。しかし、そのほとんどが波による侵食で消えてしまっている。海底火山の活動が盛んな小笠原諸島周辺でも、生き残っているのは、西之島新島と大隅諸島の昭和硫黄島だけだ。

2013年に再び噴火

西之島は、2013年に再び噴火する。そして島の付近に新しい陸地を作り出した。

まず、マグマが海水にふれて急膨張する。すると、**マグマ水蒸気噴火**が海底で発生し、岩石が噴出する。この噴出物によって、高さ20メートルほどの陸地が形成される。その後、火口が海面上に出て、溶岩が陸地を流れ、陸地を広げていった。マグマ水蒸気噴火の噴出物は軽石状でもろいため、陸地ができても波による侵食ですぐに消滅してしまうが、マグマが噴火して溶岩が固まると、侵食を受けにくい硬い陸地ができるのである。

▼2016年7月に撮影された西之島の航空写真。もともとの島と新しい陸地が一体化している。(写真：国土交通省国土地理院)

16

大地の移動は止まらない

変化しつづける日本列島

陸地は拡大するか？

さて、これからの日本列島は、どうなっていくのだろうか。

伊豆弧は、今も本州に衝突しつづけている。その速度は年間4センチメートルほどだが、その結果、**陸地が拡大**していくのだという。計算上ではあるが、このまま衝突が続くと、1000万年後には、長野県ほどの陸地が新たに増えるという。さらに2000万年後には、国土が10パーセントも増加しているという試算もある。

また、周囲の4つのプレートの動きにより、1000万年後には日本列島は、4000メートル級の大山脈となるという推測もある。関東平野などの広い平野はなくなってしまい、けわしい山脈だけの島になるのだという。

日本列島消滅!?

また、プレートの移動によって、日本列島は、大陸に接近して今より細長い島となり、やがては大陸に吸収されてしまうと考える人たちもい

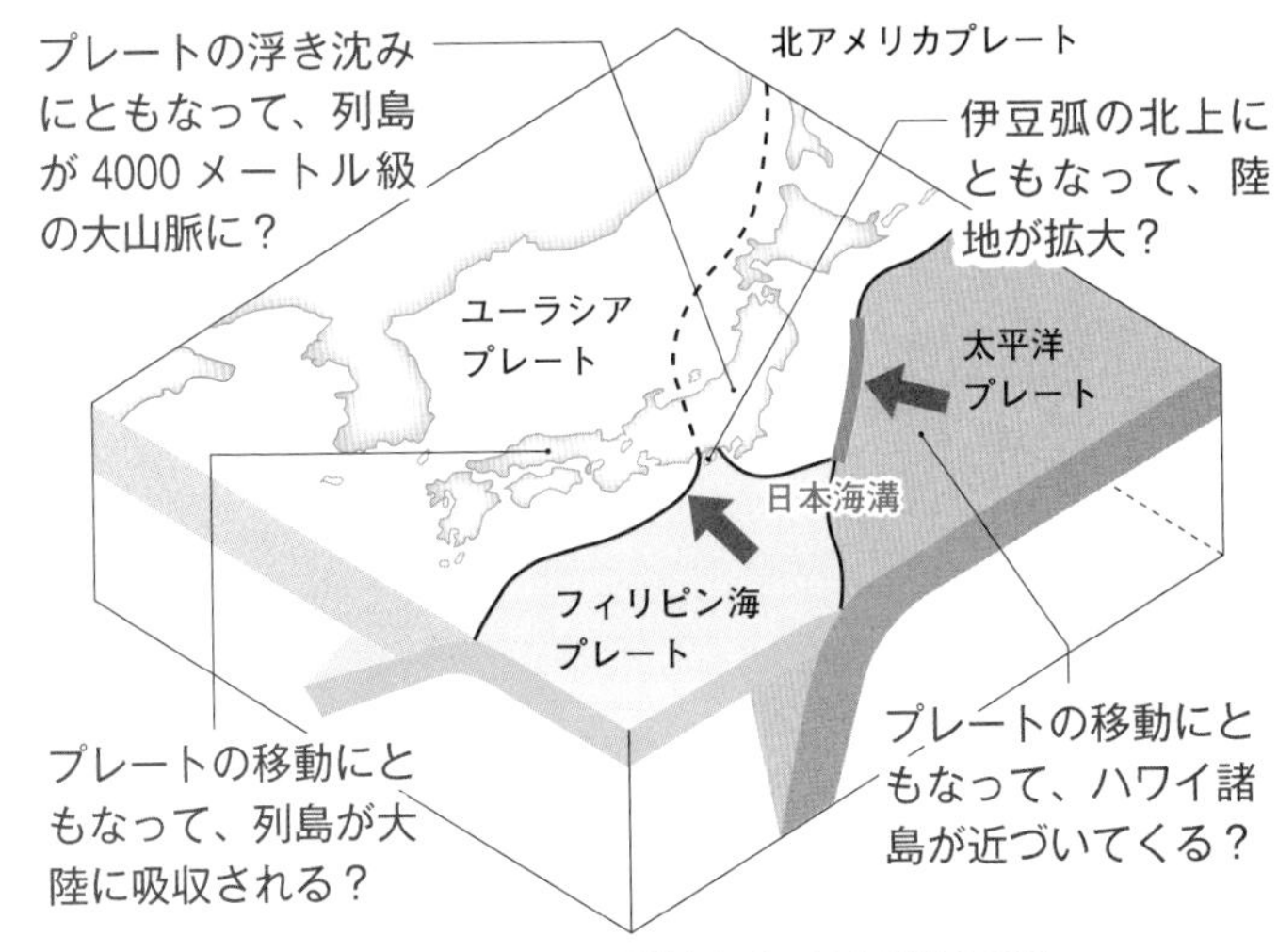

▲日本の周囲のプレートの動きから予測される、日本列島の未来。

る。

さらには1億年規模で見ると、オーストラリア大陸がユーラシア大陸に接近・衝突して、**日本列島は消滅**するというシナリオもあるという。

よく「ハワイは日本列島に近づいている」といわれるが、それは本当だろうか。実際ハワイ諸島は、日本列島に年間8センチのペースで近づいており、このままいけば、8000万年でハワイと日本はお隣同士になるという。

しかし、日本近くには日本海溝があるため、日本の隣に来る前に、ハワイが**日本海溝**に落ちてしまうことは確実なようだ。

これらの予想はあくまで、プレートの移動に関するものだ。火山噴火や地震などの現象によって、これからの日本列島がどうなっていくかを、予想するのは難しい。

COLUMN 01

❖地層からわかること

地層を調べることによって、その土地に何が起こったかを知ることができる。

海などの水中にある土地には、さまざまなものが堆積する。もしそれが海中性のプランクトン由来のものだとしたら、そこが海底だったことがわかる。砂や土などが堆積していれば、そこは陸の近くだった可能性がある。

水中にある地層は、平らに堆積し、古いものの上に新しいものが順序よく積み重なってくる。これを**整合**という。ところが、下の地層と上の地層の間で堆積中断してしまっていることがある。これを**不整合**という。なぜ不整合が起こるのだろうか。

水中で堆積してできた地層が、土地の隆起によって地表に出る。その地表が風や雨、川などによって侵食を受け、地層が削られる。そのため不整合が起こるのだ。

引っぱる力がはたらいたり、押す力がはたらいたりして、地層がずれることを、**断層**という。断層は、地震などの大きな力がはたらいたことを示している。

褶曲(しゅうきょく)は、地層が強い力を受けて押し曲げられる現象だ。これも地震やプレートの衝突・沈み込みなど、大きな力がはたらいた証拠となる。

火山灰でできた層が見つかれば、その時期に付近で火山の噴火があったこともわかる。

また、**化石**が見つかれば、その地層ができた時代や、その地層の周囲の環境を推測することができる。

第2章

海と大地の物語

01

地球の歴史を地層から区分する

地質年代とは何か

地層と大地の歴史

地球が誕生したのは、46億年前とされる。この地球の歴史のうち、人間による記録が残っている歴史時代以前の時間を、私たちは**地質年代**として把握し、区分している。

地質年代は、**地層**の古さに対応している。地層はそれが作られた時代の環境や、生物のあり方を私たちに伝えてくれる（50ページ参照）。地層は、いわば大地に刻まれた、地球の歴史の記録なのである。

日本列島は古生代から

日本列島は、5億年前から形成されてきた。日本列島でもっとも古い地層は、茨城県多賀山地の**日立変成岩赤沢層**で、5億1000万年前のものである。これは**古生代**の**カンブリア紀**に相当する。

また、日本最古の化石は、岐阜県上宝村一重ケ根で発見された**コノドント**である（154ページ参照）。これは古生代**オルドビス紀**のものと判明している。

			(年前)
先カンブリア時代	冥王代		46億
	始生代		40億
	原生代		25億
顕生代	古生代	カンブリア紀	5億4100万
		オルドビス紀	4億8540万
		シルル紀	4億4380万
		デボン紀	4億1920万
		石炭紀	3億5890万
		ペルム紀	2億9890万
	中生代	三畳紀	2億5190万
		ジュラ紀	2億130万
		白亜紀	1億4500万
	新生代	古第三紀	6600万
		新第三紀	2303万
		第四紀	258万

▲地質年代表。日本列島の歴史は、古生代のカンブリア紀から始まると考えられている。（国際年代層序表をもとに作成）

02

地球史に「千葉時代」が刻まれる！

地質年代チバニアン

地質年代の命名をめぐって

細かい地質年代の中には、まだ命名されていないものもある。

国際地質科学連合は、各年代の境界となる代表的な地層を**国際標準模式地**として、世界で1か所だけ選ぶ。

選ばれれば、その地名にちなんだ地質年代を命名でき、「ゴールデンスパイク」が現地に打たれることになる。

たとえばジュラ紀は、大型恐竜が栄えた時代だが、この地質年代名は、フランスからスイスに広がるジュラ山脈から名づけられている。

日本初の国際標準模式地へ

近年、この国際標準模式地に、日本から名のりをあげたのが、千葉県市原市田淵（たぶち）の養老川沿いにある、**千葉セクション**と呼ばれる地層である。

方位磁石（ほういじしゃく）を見ればわかるように、地球にはN極とS極があるのだが、その**磁極**（じきょく）は地球の歴史

▲チバニアンの地質年代名がつけられる、千葉県市原市田淵の露頭（岩石や鉱脈が地表に現れている箇所）。（画像提供：市原市教育委員会）

の中で、何度か逆転したことがわかっている（**地磁気逆転**、82ページ参照）。

千葉セクションの77万年から12万6000年前の地層は、N極とS極が最後に逆転した痕跡を示す、重要なものなのである。また、**ネアンデルタール人**が生きていた時期にも該当する。

千葉セクションのライバルはイタリアで、「イオニアン」の年代名を希望していた。それに対して日本は、ラテン語で千葉時代を表す「**チバニアン**」の名を申請していた。

2017年に投票が行われ、千葉が6割以上得票して勝利した。今回は、N極とS極の最後の逆転が境界になることが決まっていたのだが、千葉セクションに、77万年前の磁場逆転を示す痕跡がよい状態で残っていたことが勝因だとされている。

03

生物の死骸が姿を変えたもの

化石から何がわかる?

化石からわかること

太古の昔に生きていた生物の体が、石のようになって残ったものや、生物の活動の痕跡を**化石**という。また、化石によって知られる地質時代の生物のことを、**古生物**と呼ぶ。

化石を調べると、もともとはどういう生物であったか、どのように動いたかがわかる。また、同じ年代の地層から複数種類の化石が出れば、生態系の推測もできて、その時代の地球の状態を知ることが可能になる。

特定の地質時代に棲息する特定種の化石は**示準化石**(しじゅんかせき)といい、地層の年代決定に使われる。現在は放射線同位体による調査が一般化しているが、化石は地層を調べる上で、とても重要なものだったのだ。

放散虫化石から歴史が見える

古生物で有名なものに、**放散虫**(ほうさんちゅう)がある。これはおもに海のプランクトンとして現れる原生生物であり、単細胞生物である。その骨格は、ケイ酸質か硫酸ストロンチウムからできている。

　放散虫は棲息時期によって形が違うので、放散虫の化石は示準化石となり、日本列島形成の歴史の解明に大いに役立っている。

　海の古生物の化石は、海底に沈殿して堆積物となる。放散虫などの化石も海底に沈殿し、**チャート**（角岩（かくがん））という堆積岩になる。

　チャートは、二酸化ケイ素を主成分とする岩石で、岐阜県などに分布する美濃（みの）帯堆積岩類に特徴的に見られ、硬く良質な石として、砥石や石材などに利用されてもいる。地層の中にチャートが見つかると、その場所がかつて海の底だったことがわかる。

▼化石が作られる仕組み。

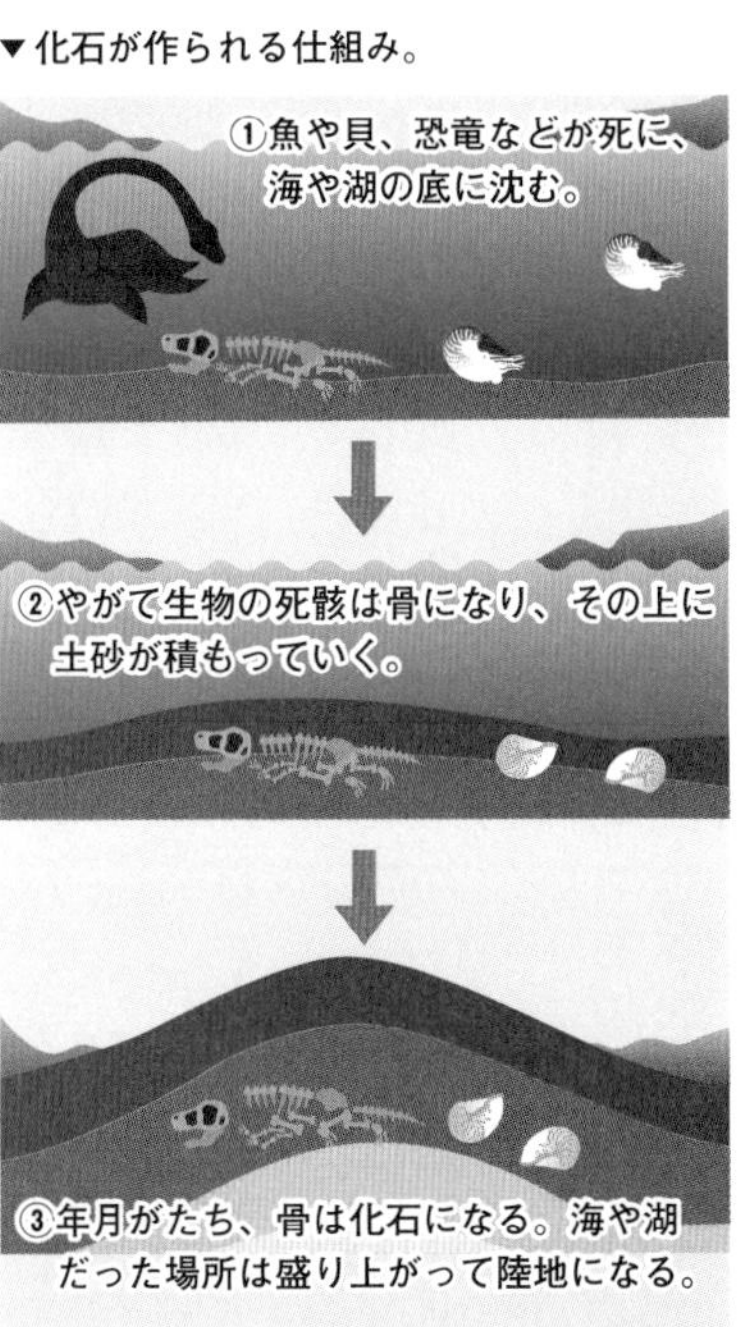

▼チャート。

04

大地の形は何度も生まれ変わる！

地形はどうやってできるのか

地形を作る5つの作用

地形が作られる要因は、大きく分けて5つある。内的要因としては、**地殻運動**と**火山活動**が挙げられる。中でも地殻運動は、プレートの沈み込みや衝突（20ページ参照）によって大山脈や弧状列島を形成する**造山運動**と、土地がきわめて長期間にわたって沈降したり隆起したりする**造陸運動**のふたつに分かれる。

外的要因としては、日光や風雨によって地表の岩石が壊されていく**風化作用**、風や水や氷河によって地表が削れて平坦化する**侵食作用**、そして**堆積作用**がある。

これらのはたらきによって、さまざまな地形が形作られていくのである。

地形輪廻

アメリカの地質学者**ウィリアム・モーリス・デイヴィス**（1850〜1934年）は、**地形輪廻**（りんね）の考え方を提唱した。

まず、もとは海底だった場所が隆起し、**原地**

形となる。その陸地部分に水が流れ、侵食が行われる。すると地面の一部がへこみ、V字谷ができる。この段階が**幼年期**で、日本でいうと、吉備高原（岡山県）や木曽川中流域（岐阜県・愛知県）などの地形がこれに該当する。

侵食が進行すると谷は深くなり、周囲に尾根が形成される。この段階を**壮年期**という。日本アルプスがこれに相当する。

さらに侵食が進むと、今までせまかった谷がどんどん広くなり、斜面の傾斜が緩やかになる。この時期が**老年期**で、北上山地（青森県・岩手県・宮城県）や阿武隈高地（宮城県・茨城県）がその典型である。

そののち、傾斜はもっと緩やかになり、最終的には傾斜のほとんどない広い平野になる。この状態を**準平原**と呼ぶ。大台ケ原（奈良県・三重県）などがそれに当たる。

原地形と準平原は、よく似た地形になる。そのため、このような地形の変遷を地形輪廻と呼ぶのである。

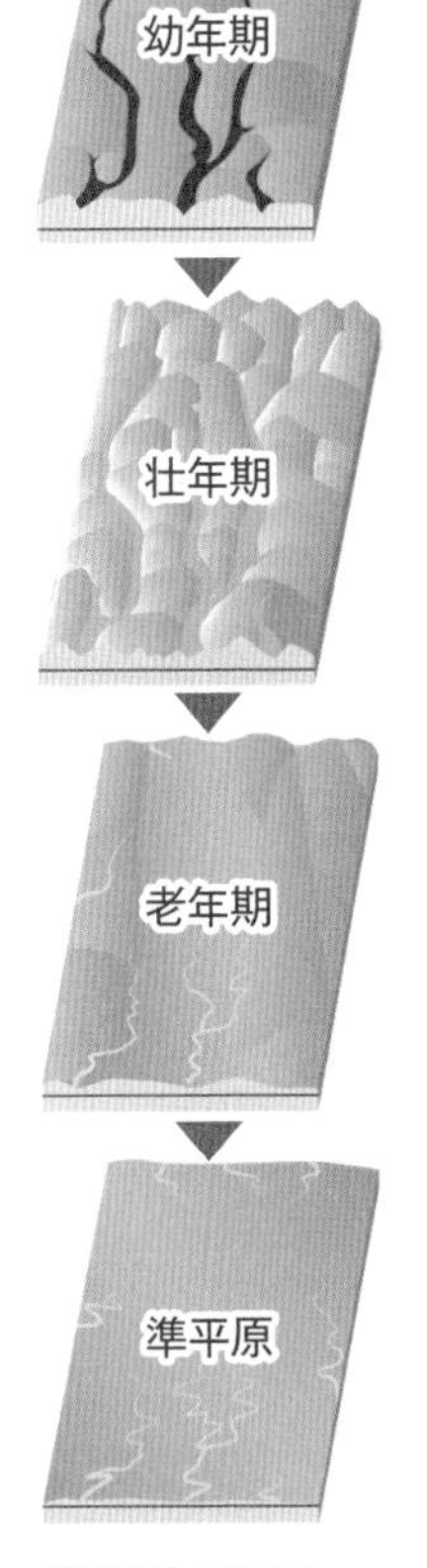

▲地形輪廻の考え方。

05

5000万年の謎の空白も

海底にあった蝦夷層群

蝦夷層群はどのようにできたか

北海道のほぼ中央を南北に走る地層**蝦夷層群**（えぞ）は、1億4500万～6600万年前の白亜紀の地層である。

当時、太平洋プレートがユーラシアプレートの下に沈み込む**海溝**は、大陸の近くにあった。海溝と大陸の間、北緯35～45度付近の**前弧海盆**（45ページ参照）には、砂や泥だけでなく、浅い海に棲息する**アンモナイト**などの死骸も堆積した。こうして形成されたのが蝦夷層群である。

▼白亜紀後期のユーラシア大陸東端。日本は大陸の一部で、北海道の東半分は海だった。

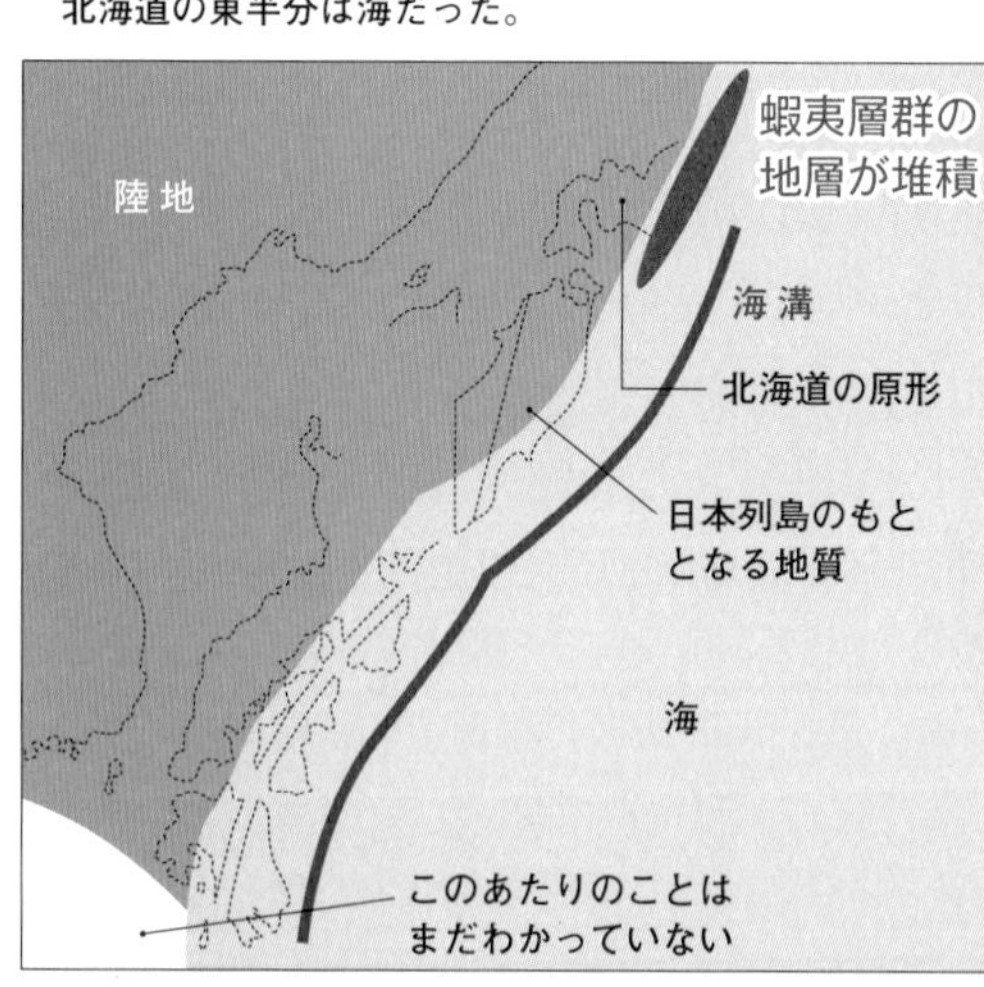

▲三笠ジオパーク、桂沢(かつらざわ)ダム原石山にある大露頭。１億年前のアンモナイトなどの化石を産出する。（画像提供：三笠ジオパーク推進協議会）

5000万年の空白

重要な地形や地質をテーマにした、地球の活動の様子を伝える自然公園を、**ジオパーク**という。北海道の**三笠ジオパーク**は、アンモナイト化石の産出地として、世界的に有名である。

三笠には、1億年前の蝦夷層群の地層のすぐ上に、5000万年前の石炭層が重なっている場所がある。不思議なことに、5000万年分の地層が、消えてなくなっているのである。

1億年前に浅い海だったその場所は、地殻変動によって陸地となったのち、風化や侵食で5000万年分の地層を削られた。その上に植物が生え、やがてそれらも化石となって、石炭層を形成したのだと考えられている。

06

日本誕生の火山活動が美しき巨岩を作った

仏ヶ浦 グリーンタフの崖

グリーンタフの巨岩群

仏ヶ浦は、青森県下北半島西岸、海岸沿いに高さ90メートル以上の巨岩の断崖が2キロ以上続く景勝地である。

仏ヶ浦の巨岩は、**グリーンタフ**という岩石でできている。**タフ**とは、火山灰が固まってできる**凝灰岩**（ぎょうかいがん）のことである。そこに含まれる輝石（きせき）・角閃石（かくせんせき）などの鉱物が変質し、白緑色となったのがグリーンタフだ。日本海側に広く分布し、大谷石（おおやいし）などの石材として利用されている。

▼仏ヶ浦の景観。

まるで浄土の地

仏ヶ浦の地形の成り立ちは、**日本海開裂**（24ページ参照）までさかのぼる。

大陸の東端が太平洋のほうへ離れていき、間に海水が流入して日本海ができたとき、その日本海には多くの海底火山が誕生した。地殻が水平に引き伸ばされたせいで、マグマが地表に向かう通り道（**火道**）が開きやすくなったのである。海底火山は盛んに噴火し、火山灰などが海中に堆積した。それが固まり、地熱や水のせいで変質して、グリーンタフが形成されたのだ。

やがてその地層は、隆起して陸に現れた。すると今度は海の波による侵食などを受け、独特の景観となったのである。

その景観に、人々は浄土のイメージを見た。岩ごとに「如来の首」や「五百羅漢」など、仏教的な名前がつけられている。

▼仏ヶ浦の地形の成り立ち。

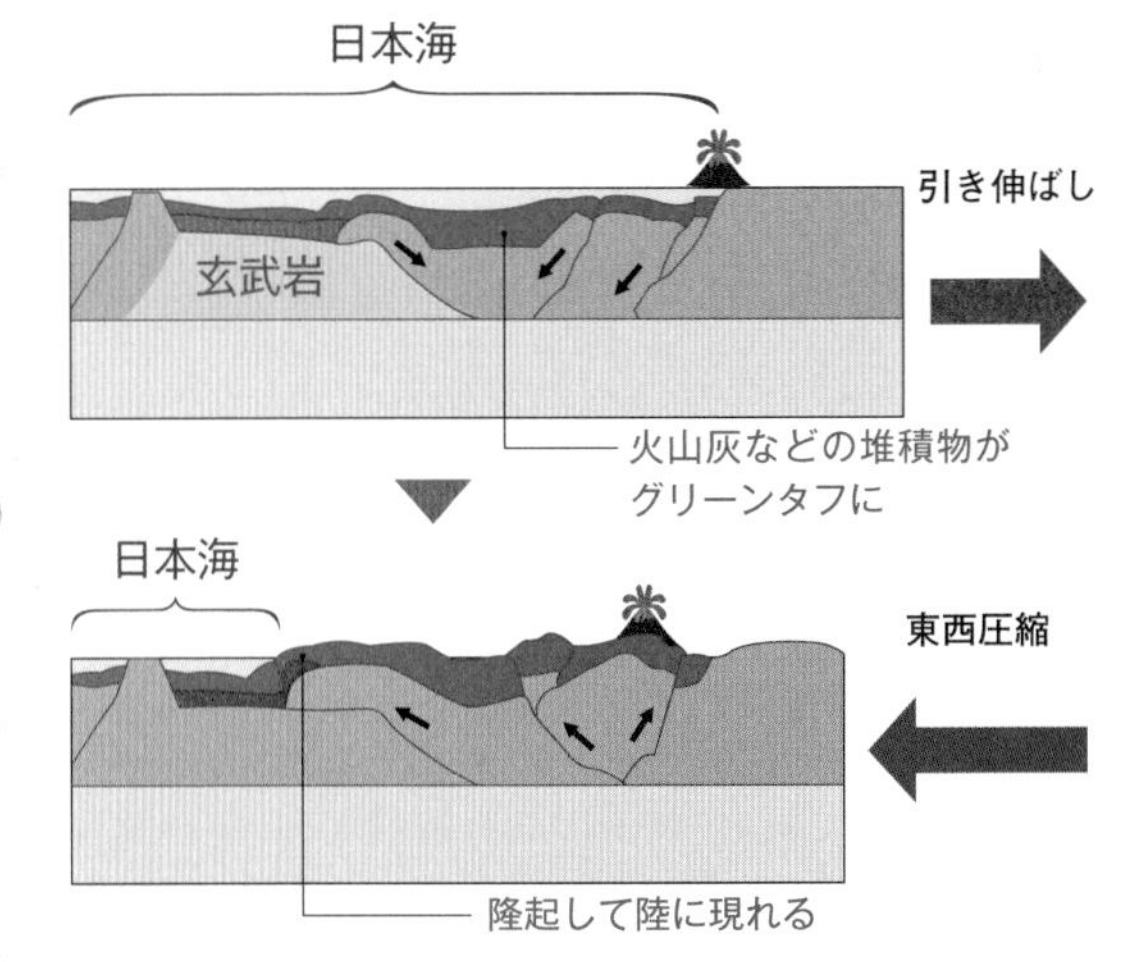

07

活火山は鮮やかな色の湖たちを生んだ

磐梯山と五色沼

福島のシンボル　磐梯山

磐梯山(ばんだいさん)は、福島県北部にある活火山である。会津(あいづ)盆地側から見た姿が富士に似ていることから、「会津富士」とも呼ばれる。

29万年以上前から活動していると考えられており、おもに**安山岩**質溶岩の噴出によって山体を形成してきたが、**山体崩壊**もくり返している。3万～2万5000年前の山体崩壊は大規模で、猪苗代(いなわしろ)湖はこのとき形成されたのではないかともいわれている。

▼磐梯山の噴火で作られた五色沼のひとつ、青沼。

▲福島を象徴する山、磐梯山。美しい山だが活火山であり、1888年の噴火では多くの犠牲者も出た。山麓は南が表磐梯、北が裏磐梯と呼ばれている。

五色沼の神秘

磐梯山の北側、北塩原村にある30個ほどの小さな湖と沼を、**五色沼**（ごしきぬま）という。

五色沼は、1888年に磐梯山が噴火したことでできた。北側の小磐梯が山体崩壊を起こし、流れた岩屑（がんせつ）が川をせき止めたことで、多くの湖沼が形成されたのである。

湖沼の色はコバルトブルー、ターコイズブルー、エメラルドブルー、パステルブルー、エメラルドグリーンなどさまざまである。

色の原因は、水中に含まれる火山性物質だ。それが植物や藻などの影響を受け、さまざまな色彩を見せるのである。水の色は、天候や季節などによっても変化する。

08

神秘の蔵王連峰

海底火山の活動から生まれた美しい山々

人気の観光地　蔵王連峰

宮城県と山形県の南部県境に位置する**蔵王連峰**は、1841メートルの熊野岳をはじめとする47の火山群でできている。

100万～70万年前には海底火山だったが、性質を変えながら断続的に活動し、3万年前には山頂部に**カルデラ**（42ページ参照）を形成した。カルデラの中には**火砕丘**（噴出した火山砕屑物が火口の周囲に積もってできた丘）として五色岳が生じ、その中腹に火口湖の**御釜**がある。

▼蔵王連峰で見られる樹氷。

▲蔵王連峰中央部にある美しい火口湖「御釜」。蔵王は豊富な観光資源を誇る。

蔵王と樹氷

2018年現在も火山性微動が観測される蔵王だが、**樹氷**（じゅひょう）も有名である。樹氷は、特殊な条件が必要となるため、東北地方のこの地域にしか見られない。

第1に、着氷・着雪する水滴の絶妙の温度と、つねに一定方向へ吹く風が必要となる。

第2に、氷や雪がつきやすい常緑針葉樹が自生していること。この地方にはアオモリトドマツが自生している。

第3に、積雪が適量であること。雪が多すぎるとアオモリトドマツが埋まってしまい、少なすぎると樹氷はできない。適切な積雪は2〜3メートルだといわれている。

09 東尋坊の柱状節理

柱状の奇岩が連なる海食崖

垂直の崖と柱のような岩々

東尋坊（とうじんぼう）は、日本海に面した**海食崖**（海水の運動で地表や岩石が侵食されてできた崖）で、荒々しい断崖絶壁が続く奇景で知られている。その垂直の崖は、もっとも高いところで25メートルの高さがある。

東尋坊の崖を構成する岩は、六角形や五角形の断面をもった、規則的な柱の形をしている。このような岩を作り出す割れ目のことを、**柱状節理**（ちゅうじょうせつり）という。

▼東尋坊の景観。（画像提供：福井県観光連盟）

柱状節理はなぜできたのか

東尋坊の柱状節理は、どうしてできたのだろうか。

1300万～1200万年前の火山活動で、地表近くまで上昇してきたマグマが、冷え固まるときに収縮して、五角形や六角形の柱状の割れ目が入った。こうして形成された規則的な割れ目のある安山岩が、地殻変動によって地表に現れたのち、やわらかい部分が波や風に削られて、現在の姿になったのである。

東尋坊のものほど大規模な柱状節理は、世界にも3か所しかないという。地質上きわめて貴重なものであるため、国の天然記念物や、日本地質百選に指定されている。

▼柱状節理が形成されるメカニズム。

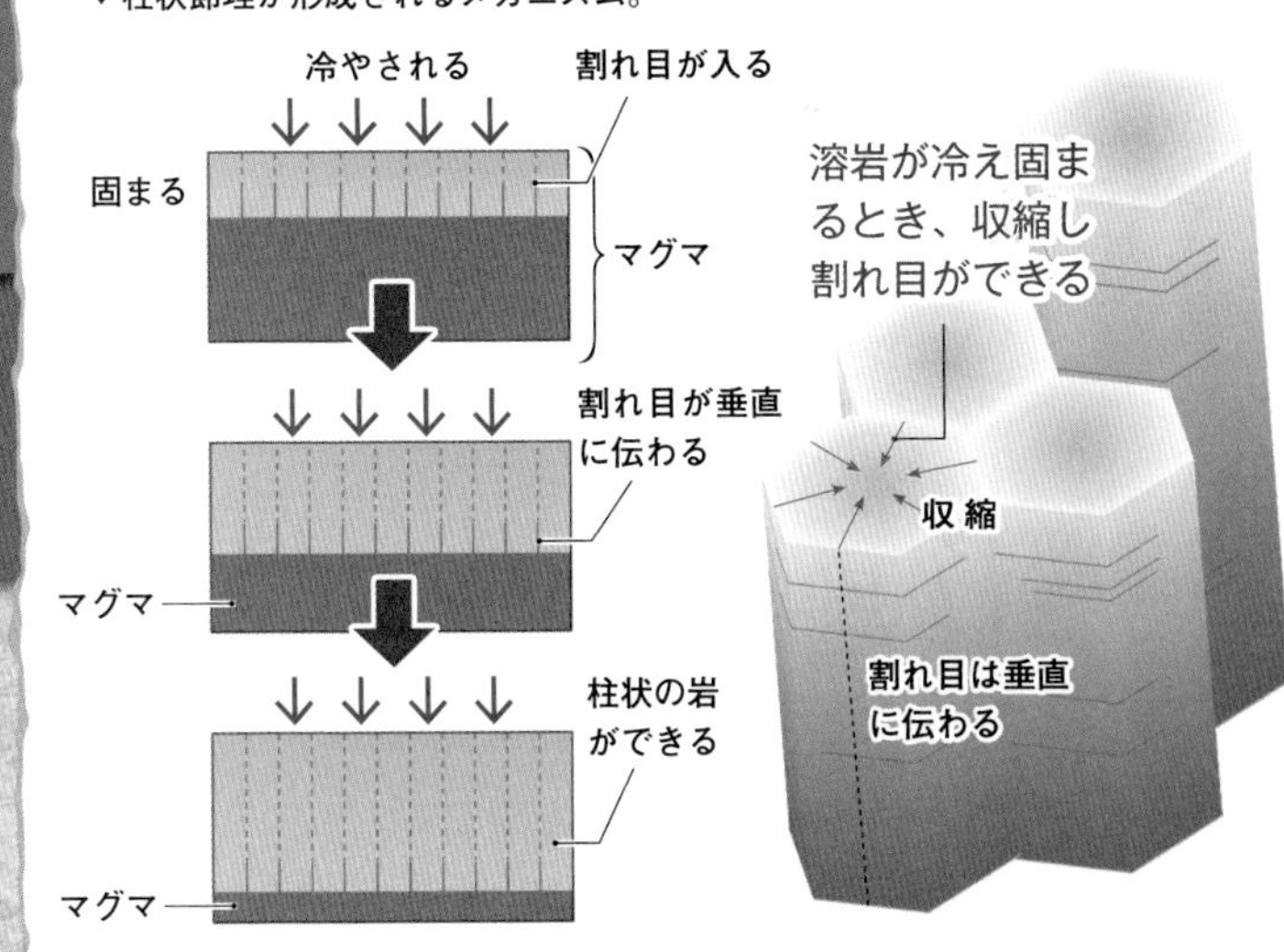

10

大小50ものくぼみ穴の正体は？

漣岩の恐竜の足跡

謎の穴は何なのか？

群馬県の神流町（かんなまち）中里地区に、**漣岩**（さざなみいわ）といわれる崖がある。

白亜紀の水の流れの跡がそのまま残ったものであり、地殻変動で地上に現れ、垂直に近い形になってその姿を見せている。

この漣岩は、１９５３年に道路工事の際に発見された。１９６５年に県の天然記念物にも指定された漣岩には、謎のくぼみ穴が大小50もあいている。

その穴が何であるかは、長い間謎とされ、多くの地質学者たちの研究の対象となり、さまざまな説が飛び交っていた。

それが、１９８５年に**恐竜の足跡**だと認定されたのだ。

足跡のゴーストプリント

左上に見える大きなふたつの穴は、大型の二足歩行の恐竜のものだと考えられている。また、右下のいくつもの穴は、小さな**獣脚類**（じゅうきゃくるい）（１６４

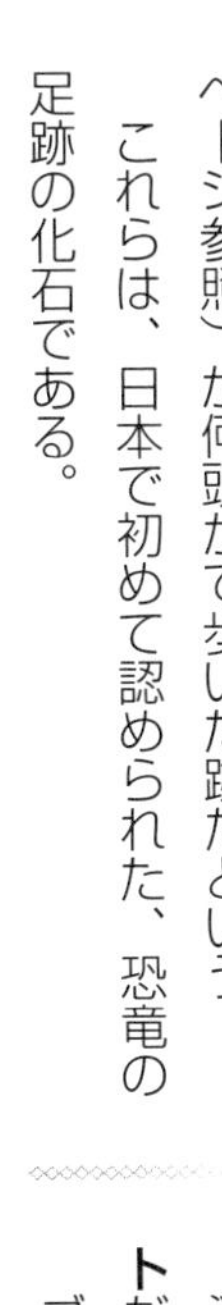

ページ参照）が何頭かで歩いた跡だという。

これらは、日本で初めて認められた、恐竜の足跡の化石である。

▲恐竜の足跡が残る漣岩。（画像提供：神流町恐竜センター）

漣岩についた恐竜の足跡は、**ゴーストプリント**だとされている。

ゴーストプリントとは、実際に足跡のついた地面の、もうひとつ下の層についた跡のことである。非常に貴重な化石といえるだろう。

足跡がつけられたころには、漣岩の周辺は、海と川の交わる河口付近だったらしい。温かく乾燥した気候だったこともわかっている。そんな中、河口近くの浜を恐竜が行き来して、足跡を残したのだ。

現在、漣岩は保護されているが、風化が進んでおり、足跡は不鮮明になってきている。貴重な地球の記録を守っていきたいものだ。

11

プレートの沈み込み帯で作られる宝石

糸魚川のヒスイ

高圧の環境下で生まれる宝石

ヒスイ（翡翠）は、昔から人気が高い宝石である。これは**輝石**（きせき）（ガラス光沢をもつケイ酸塩鉱物）の一種である。

ヒスイができるためには、温度が高すぎず、圧力の高い環境が必要だとされる。**海溝**の地下深く、海洋プレートが大陸プレートの下にもぐり込む**沈み込み帯**がそのような環境であり、そこでヒスイを含めた**変成岩**が作られる。変成岩とは、マグマなどが冷え固まった**火成岩**や、砂

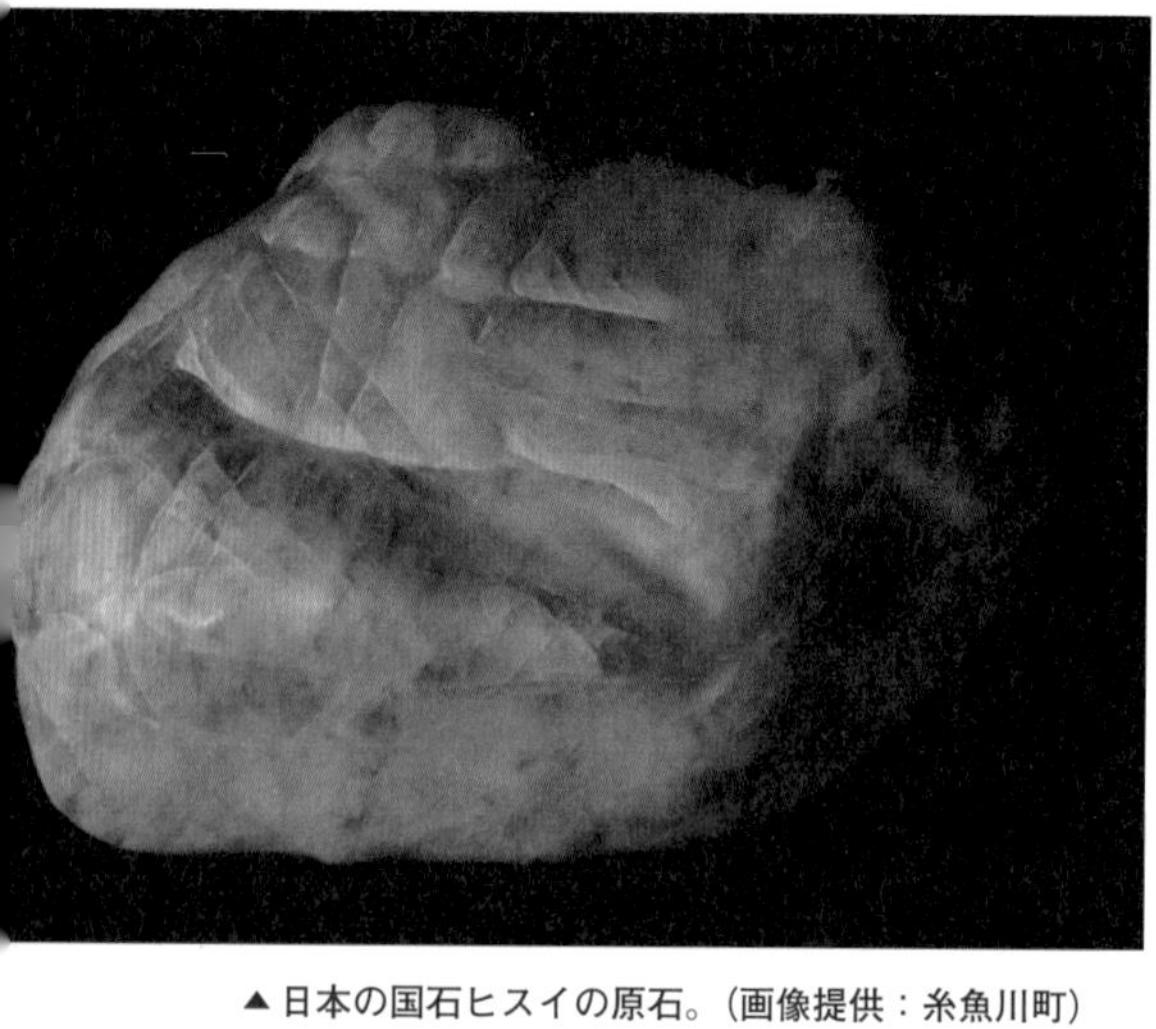

▲日本の国石ヒスイの原石。（画像提供：糸魚川町）

などが堆積して固まった**堆積岩**が、地下深くで熱や圧力を受けて変化した岩石のことである。

ヒスイの色は、深緑のほかに、ピンク、ラベンダー、白、青、黒、黄、橙、赤橙とさまざまである。もともとヒスイ輝石は化学的には無色なのだが、不純物やほかの輝石が含まれるため、15種類以上の色をもつのだ。

日本列島とヒスイ

日本列島では5000年前に、新潟県の**糸魚川**で、縄文人がヒスイの加工を始めた。これは、ヒスイと人間のかかわりとしては世界最古だとされる。そののち、弥生時代と古墳時代には祭祀・呪術に用いられ、勾玉などにも加工された。

しかし、奈良時代以降は、ヒスイは使われなくなってしまう。そのため、ヒスイが採れることも忘れられ、遺跡からヒスイが見つかっても、大陸から持ち込まれたものだと考えられていた。昭和初期まで、そのような状況が続いたのである。

ところが、1938年に糸魚川でヒスイが発見され、日本でヒスイが採れることがわかった。その後、北海道から九州まで、列島の各地でヒスイが見つかっている。

日本列島で最大のヒスイの産地は、やはり糸魚川である。糸魚川のヒスイは、地下深くの**蛇紋岩**という変成岩の中にあったものが、地表に出たのだと考えられている。また、糸魚川のヒスイが緑色なのは、**オンファス輝石**という鉱物が含まれているのが原因だとされている。

12 リアス式海岸の不思議

ノコギリの歯のような複雑な海岸線

▼リアス式海岸はどうしてできる？

河川に侵食されてできた谷が、海水面の上昇にともなって沈水（ちんすい）し、入り江となった地形を、**溺（おぼ）れ谷**と呼ぶ。そして、海岸線に対して垂直な溺（おぼ）れ谷が連続し、ギザギザになった複雑な形の沈水海岸を、**リアス式海岸**という。海と山がからみ合う、神秘的な景色である。

リアス式海岸は、海水と河川の淡水が混ざり合う**汽水（きすい）域**となる。水深が深いにもかかわらず波が低いため、養殖（ようしょく）や沿岸漁業に向いている。

▼リアス式海岸のでき方。

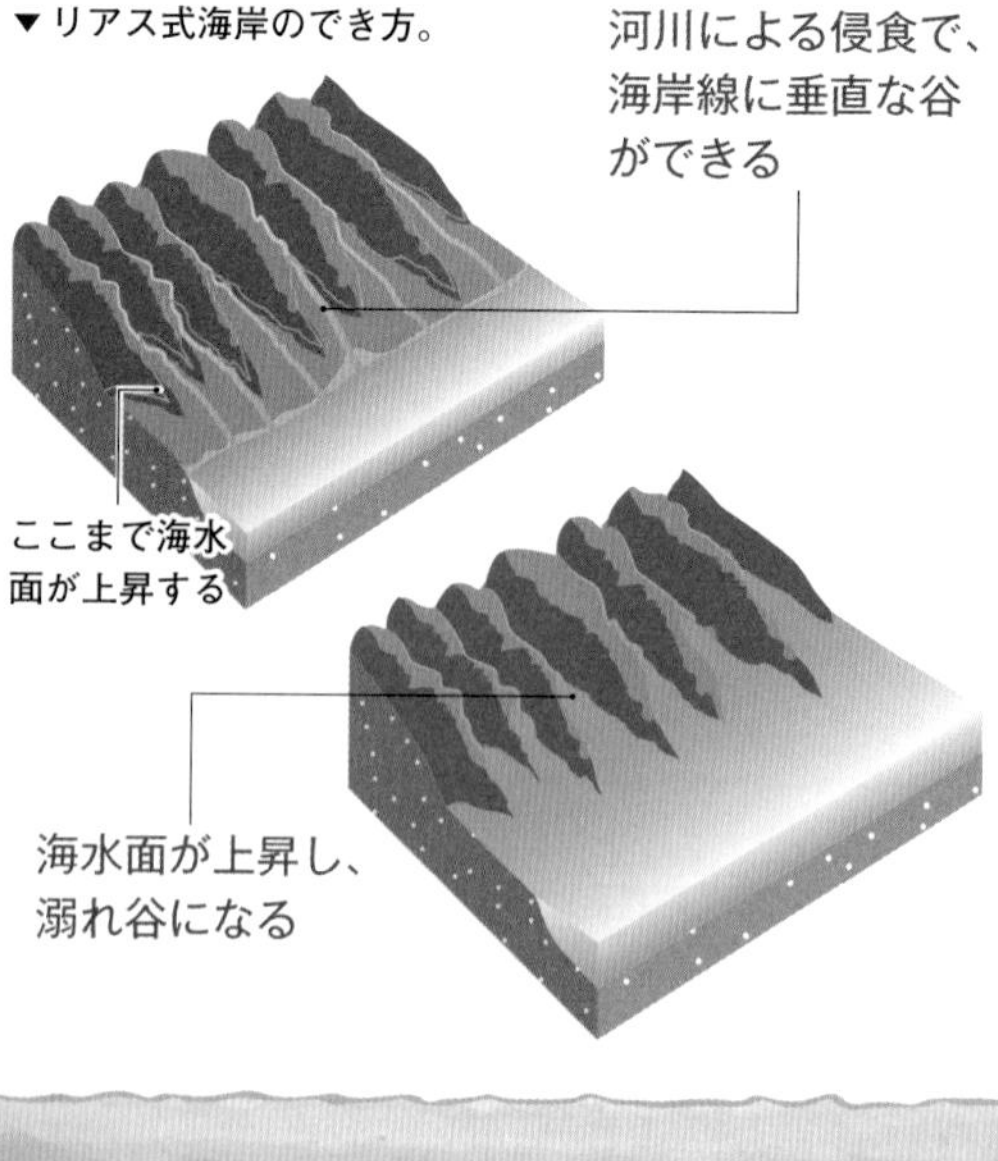

河川による侵食で、海岸線に垂直な谷ができる

ここまで海水面が上昇する

海水面が上昇し、溺れ谷になる

▲伊勢志摩のリアス式海岸。近くには伊勢神宮などもあり、観光客に人気の場所となっている。

また、天然の良港でもある。

ただし、リアス式海岸は**津波**（114ページ参照）の被害を受けやすい。深い湾で波が大きくなり、陸地の奥まで侵入してしまうのだ。

日本の代表的なリアス式海岸

日本のリアス式海岸で名高いのは、**志摩(しま)半島から紀伊半島にかけての海岸**（三重県・和歌山県）である。特に、志摩半島南部の**英虞(あご)湾**は、複雑な地形の沈水がさらに進んで、**多島海**となっている。真珠の養殖が盛んで、サザエやアワビなどの海産物も豊富である。

また、**三陸海岸**南部（岩手県・宮城県）も有名なリアス式海岸で、やはり漁業が盛んである。

13

なぜこんな名前がついたのか？

フェニックス褶曲

ダイナミックな褶曲

和歌山県西牟婁郡すさみ町の地先海岸に、**フェニックス褶曲**と呼ばれる地層がある。

これは、枯木灘海岸に分布する**牟婁付加体**の地層である。5000万〜2500万年前にできたと考えられている。

地層は本来、水平に積み重なるものだが、大きな力がかかったとき、曲がりくねるように変形することがある。これを**褶曲**という（50ページ参照）。

通常はゆるやかな波状に曲がるが、フェニックス褶曲は、まるでひらがなの「つ」の字のように、ダイナミックに折れ曲がっている。「S」の字にも見えるため、S字褶曲と呼ばれることもある。

地層は全体として、上下が逆になっている。年輪状にもなっており、世界的にも珍しい地層だといえる。

なぜこのようなユニークな地層ができたのだろうか。

牟婁付加体が海洋プレートの沈み込みにともなって陸側に付加されたとき（付加体について

▲フェニックス褶曲。（画像提供：南紀熊野ジオパーク推進協議会）

は22ページも参照）、海底で降り積もった砂や泥の層が、まだ岩石として固まりきっていない状態で変形し、そののちに固まったために、このような地層になったと考えられている。

名前の由来は？

では、この地形が「フェニックス褶曲」と名づけられたのは、なぜなのだろうか。

この地層の付近に、天鳥（あまどり）という地名があった。そのためかつては、研究者の間で、この地層は「天鳥の褶曲」と呼ばれていた。そして、研究者が論文を書く際に、天鳥をフェニックスと言い換えて紹介したため、この名前が定着したといわれている。

14

火成活動と波の侵食が作った絶景

直線状に並ぶ橋抗岩

▼2種類の岩が作り出した光景

和歌山県串本町に、**橋杭岩**という奇岩群がある。大小40の岩が、まっすぐ一列に、およそ850メートルも並んでいるのである。

直線状に岩が立ち並ぶ姿が、橋の杭のように見えることから、その名がつけられている。干潮時には、岩の並びにある弁天島まで歩いて渡ることができる。

橋杭岩は、1500万年前の**火成活動**によってできたと考えられる。火成活動とは、マグマが地表に噴出したり、地殻内に貫入したりすることである。

その火成活動では、泥岩層の間に、火山岩の一種である**流紋岩**が混じる。そののち、やわらかい泥岩部が海の波などに侵食されていき、硬い流紋岩が杭状に残されたため、現在の形となったのだ。

▼流紋岩。

▲橋杭岩。国の名勝や天然記念物の指定も受けて、観光名所となっている。

流された巨石

橋杭岩の中には、かなり遠くにまで転がっているものもある。それらは1707年の**宝永地震**で起こった大きな津波によって流されていったらしいという調査結果が出ている。

宝永地震は、M8・4から9・3と推定されていて、記録された中では、最大級の地震であったことは間違いない。このとき、津波が発生しているが、紀伊半島には5〜17メートルの津波が押し寄せたと推定されている。

巨大な橋杭岩が動くためには、秒速4メートル以上の速い流れが必要とされ、それは宝永地震によって起こった津波以外には考えられないという。

15

大都市も、太古の昔は水の底だった

京都・大阪の浮き沈み

地層を堆積させた。その上にさらに砂礫(されき)層などが積もり、現在の京都盆地を形成したのである。

京都盆地はどうやって作られたか

丹波(たんば)高地やその南の**京都盆地**の基盤を成している**丹波層群**という地層は、2億5000万〜1億5000万年前に海底に堆積されたのち、陸上に上がったものである。

そして130万年前、低い丘陵地(きゅうりょうち)が沈降し、京都盆地の原型が形作られた。

その後、大阪湾からの海水の浸入を受けたり、湖(古京都湖)になったりをくり返し、海成粘土層と淡水成粘土層が重なった**大阪層群**という

▼京都盆地の断面の模式図。

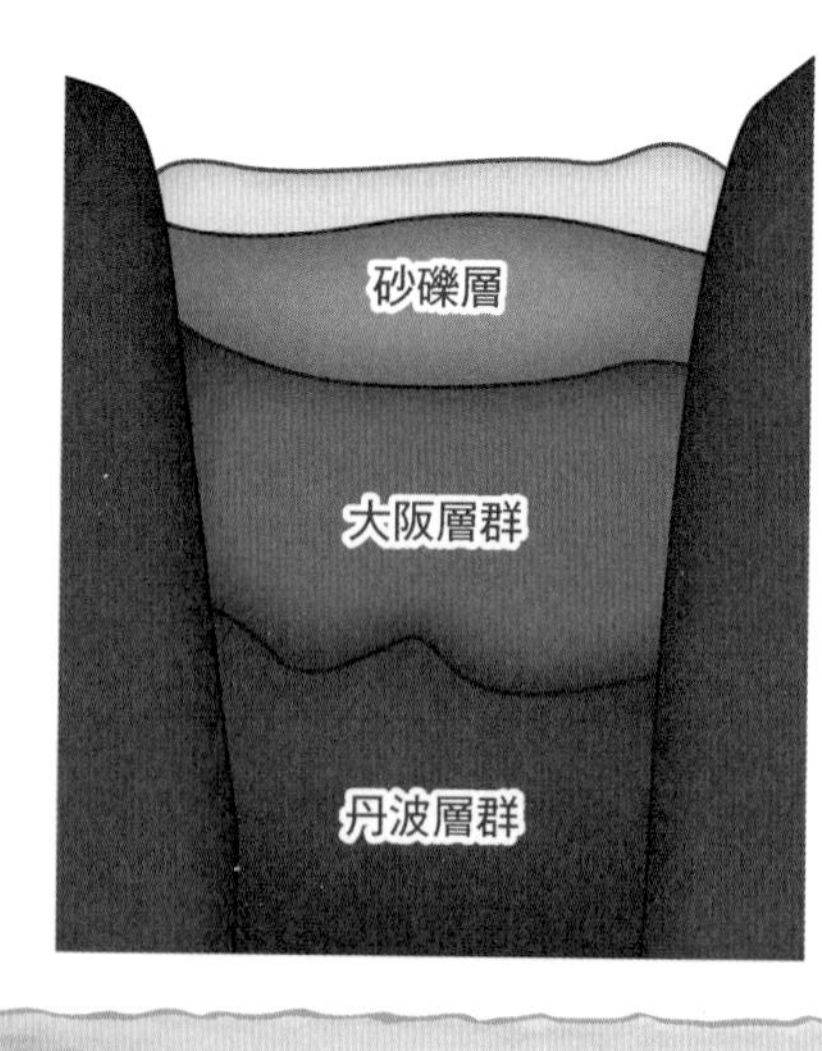

河内湖と大阪湾

大阪湾は、太古の昔には京都に浸入するほど内陸へ入ってきていたわけだが、歴史時代に入ってからも、大阪一帯は水に支配されていた。

1800年前は、現在の大阪城の東から生駒山地のそばの東大阪市にかけての低地帯には、**河内湖**とよばれる遠浅の淡水湖があった。

しかし、人為的な干拓も加わって、河内湖は次第に縮小し、平安時代には消失した。その代わりに、**大阪平野**が誕生することになる。

また、現在の住之江区、大正区、港区、此花区、福島区、西淀川区などは、わずか500年前までほとんどが海の底だった。しかし、商業の発達で手ぜまになり、江戸時代には大規模な埋め立てが行われた。そして、現在の姿になっていったのである。

▼大阪の多くの土地は、湾や河内湖の底だった。

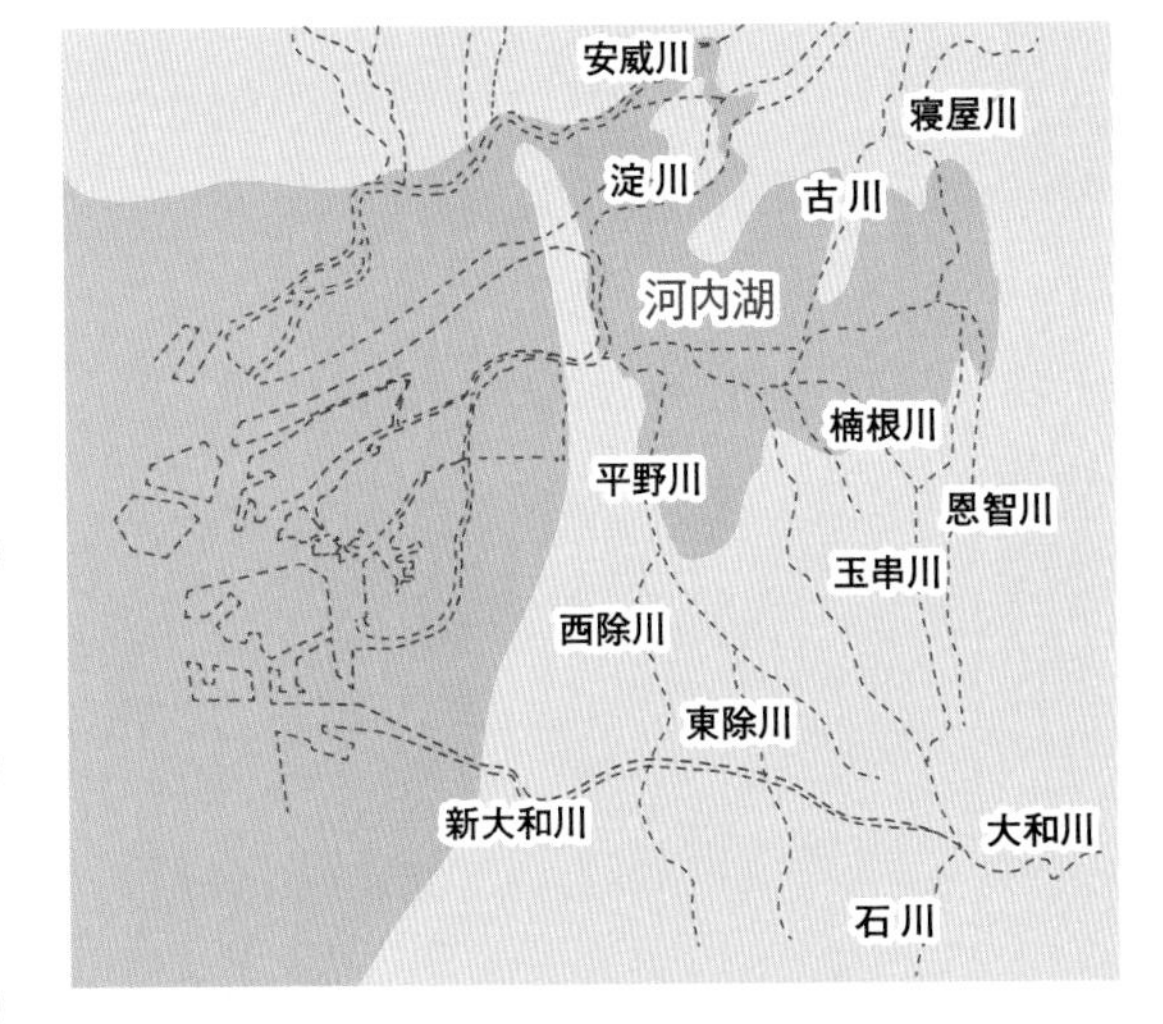

16

玄武洞と地磁気逆転の証拠

柱状節理のある玄武岩の産地

美しい柱状節理のある玄武洞

兵庫県豊岡市赤石の円山川の東岸に、**玄武洞**という洞窟がある。

160万年前、火山の噴火が起こり、**玄武岩**質の溶岩が流れ出した。それがこのあたりまで流れてきて、冷えて固まるとき、顕著な**柱状節理**（68ページ参照）を作った。

6000年前、河川による侵食を受けて、玄武岩のかたまりが露出した。柱状節理があるため切り出しやすく、この場所は玄武岩の石切り場となった。そして採掘された跡が、玄武洞となったのである。

地磁気逆転

玄武洞は、**地磁気逆転**（54ページ参照）という現象が、世界で初めて発見された場所である。地球が大きなひとつの磁石であることはよく知られている。北極がS極、南極がN極で、両

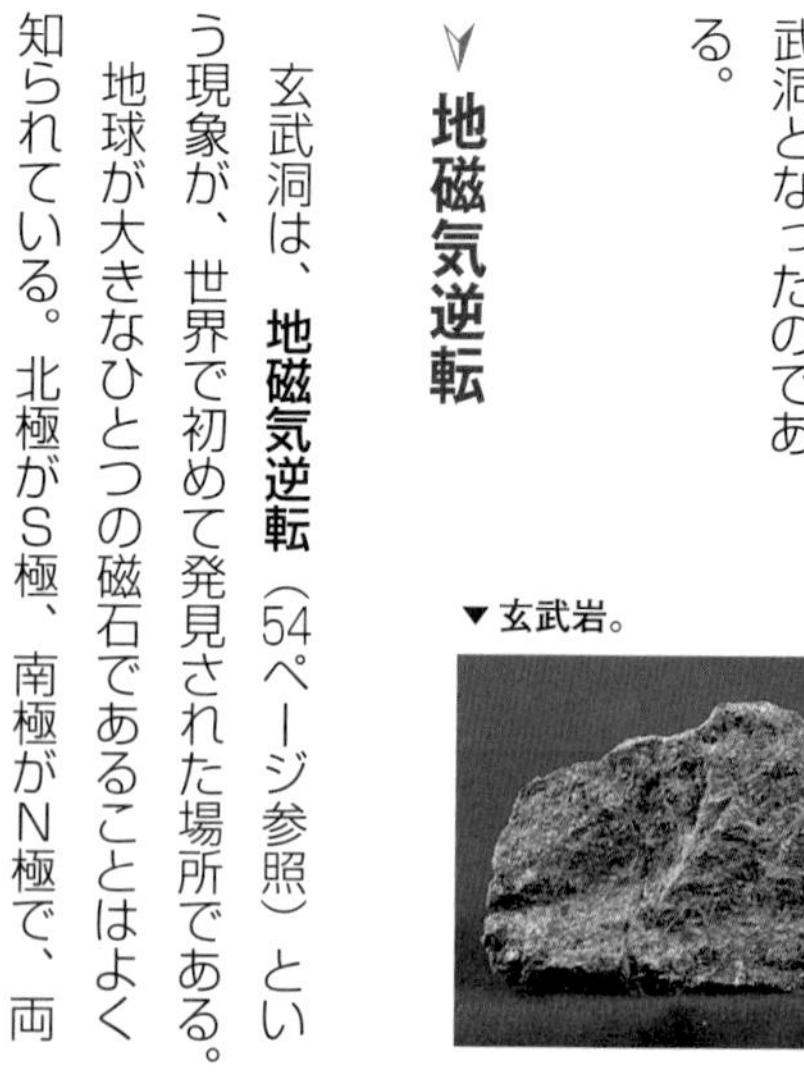
▼玄武岩。

▲玄武洞。柱状節理が見られ、柱状節理の入った玄武岩の産地であるとともに、地磁気逆転の現象が、世界で初めて発見された場所でもあった。

極は引き合うため、方位磁石のN極は北極のS極に、S極は南極のN極に引きつけられる。

この地球の磁場は、しばしば逆転している。過去360万年の間に、11回は逆転していることがわかっている。この地磁気逆転を発見したのが、日本の地球物理学者**松山基範**(もとのり)(1884〜1958年)だった。

玄武岩は鉄を多く含む。熱い溶岩がゆっくりと冷えて固まると、磁鉄鉱(じてっこう)のような鉱物が、方位磁石のように同じ方向を示す。松山は、160万年前に作られた玄武洞の磁鉄鉱の向きが逆であることに気づき、国内外36か所で調査して、地磁気逆転の事実を突き止めたのだ。その功績から、現在と逆の磁場だった258万1000〜77万年前の時期は、**松山逆磁極期**と名づけられている。

17

波と風が作り出した砂の大地

鳥取砂丘は砂漠ではない？

鳥取砂丘の美観

鳥取砂丘は、鳥取県鳥取市の日本海沿岸にある広大な砂丘である。15万～14万年前にはすでにできていたと考えられている。

鳥取砂丘には「すりばち」と呼ばれる大きくくぼんだ地形がいくつも作られている。特に大きいものは、40メートルの高さになる。

すりばちの斜面には、**砂簾**（されん）といわれる簾（すだれ）のような模様がついている。これは、砂が崩（くず）れ落ちるときについたものである。また**風紋**（ふうもん）といわれる模様は、風速5～6メートルほどの風によって作られるもので、これらの模様が、砂丘を神秘的な姿に演出している。

じつは砂漠ではない！

鳥取砂丘には「砂漠」のイメージがあるが、じつは砂丘は砂漠ではない。

砂漠とは、ほとんど雨が降らないために植物が枯れ、土地がやせて砂や岩石ばかりになってしまった場所のことだ。

これに対して**砂丘**とは、風によって運ばれた砂が、長い年月をかけて堆積してできた、丘のような地形である。

鳥取砂丘は、中国山地にある**花崗岩**の岩石が風化した砂によってできている。花崗岩とは、石英と長石を主成分とし、白っぽく見える非アルカリ岩質の**深成岩**（マグマが地下深くでゆっくり冷えて固まった火成岩）の一種である。

花崗岩の砂は千代川に流され、日本海の海底に堆積したのち、潮流によって岸に打ち上げられる。そして強い北西の**卓越風**（ある地方である期間にもっとも頻度が多い向きの風）によって、内陸部へと運ばれてきたのだ。

ただし、自然にできた鳥取砂丘は、現在よりも規模の小さいものだった。人間が周囲の樹木を伐採したため、面積が広がったのだという。

▼鳥取砂丘は、南北に 2.4 キロ、東西に 16 キロの広さを誇る。

18 鳴門の渦潮のメカニズム

日本一速い潮流が渦を巻く！

世界最大級の渦潮

鳴門海峡は、本州と四国の間にある。瀬戸内海から太平洋へと抜ける、幅1・3キロの海峡である。ここにできる**鳴門の渦潮**は、直径20メートルにも達することがあり、世界最大級とされている。

幅がせまく、海底が複雑な地形をしている鳴門海峡の潮流は、最速時は時速20キロにもなり、世界3大潮流のひとつといわれている。この潮流の速さが、渦潮を作る大きな要因である。

▼鳴門の渦潮。（画像提供：大鳴門橋架橋記念館エディ）

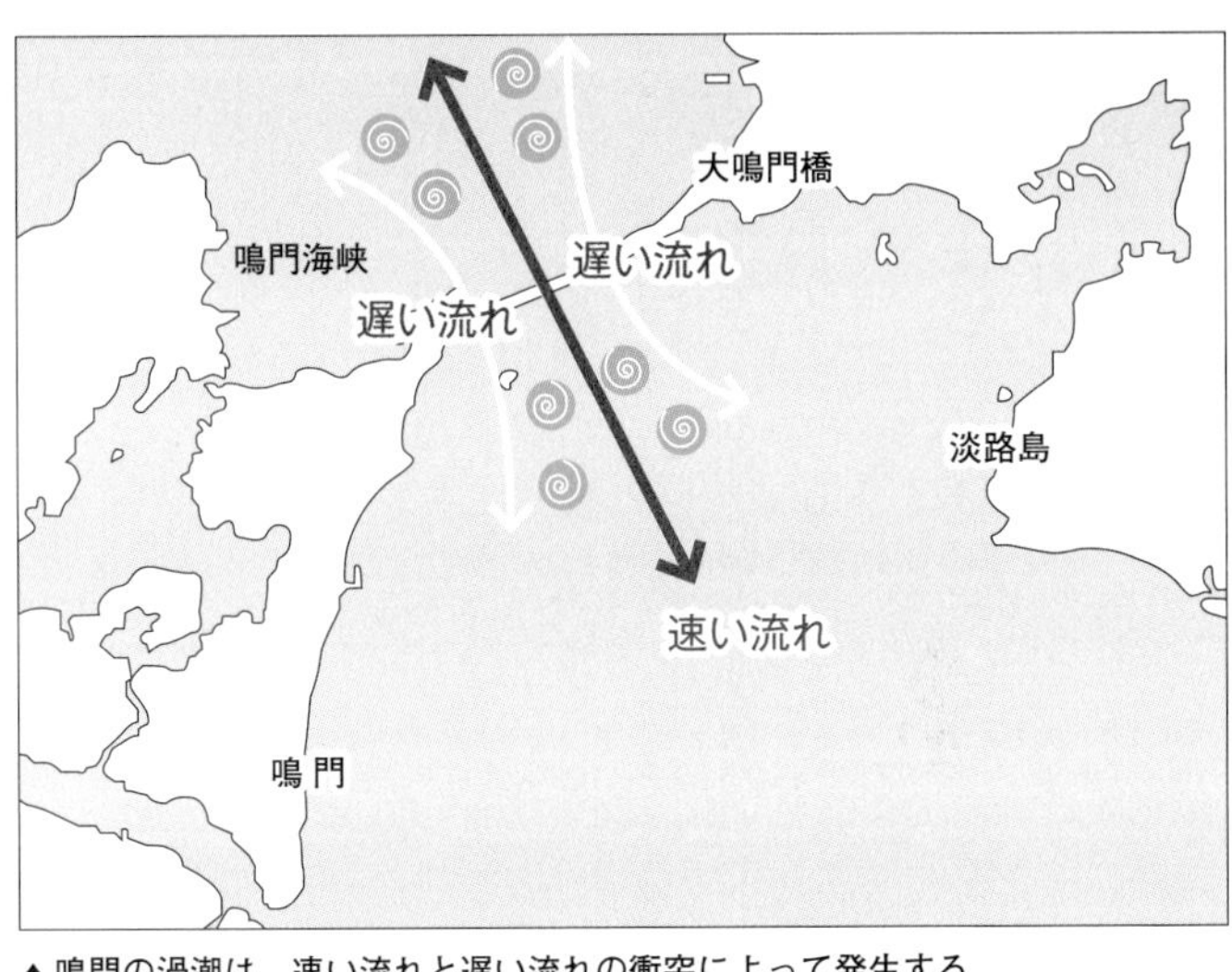

▲鳴門の渦潮は、速い流れと遅い流れの衝突によって発生する。

なぜ渦ができる？

月や太陽の引力によって、海水面が上下に動き、一日に2回ずつの**潮の満ち引き**が起こる。その際、せまい鳴門海峡を海水が一気に通過する。

鳴門海峡の海底は深いV字型になっており、抵抗の少ない中央の深部では、潮流は速く流れる。逆に、浅く抵抗の多い両端付近では、流れは遅い。

この速い流れと遅い流れが接するところで、速度の差によって渦が生じるのである。

満ち潮と引き潮は、交互に2回ずつ、約6時間周期で起こる。それぞれの潮流最速時の前後の時間帯に、渦潮がよく観測できるのだ。

19

地球の歴史がここに混ざり合う
横浪メランジュ

付加体の構成

四国や九州東部、近畿地方などには、いくつもの**付加体**（22ページ参照）が並んでいる。そのような地層は、**海洋プレート層序**（そうじょ）といわれる順番で、下から上へと積み上がっている。

海洋プレートが**海嶺**（かいれい）（海底山脈）で生まれたときは、**玄武岩**でできている。その上にプランクトンの死骸などが降り積もり、**チャート**となる。大陸側に接近すると、陸から流れ出た泥が堆積し、さらに大陸に近づくと、砂が積もるよ

▼海洋プレート層序の模式図。

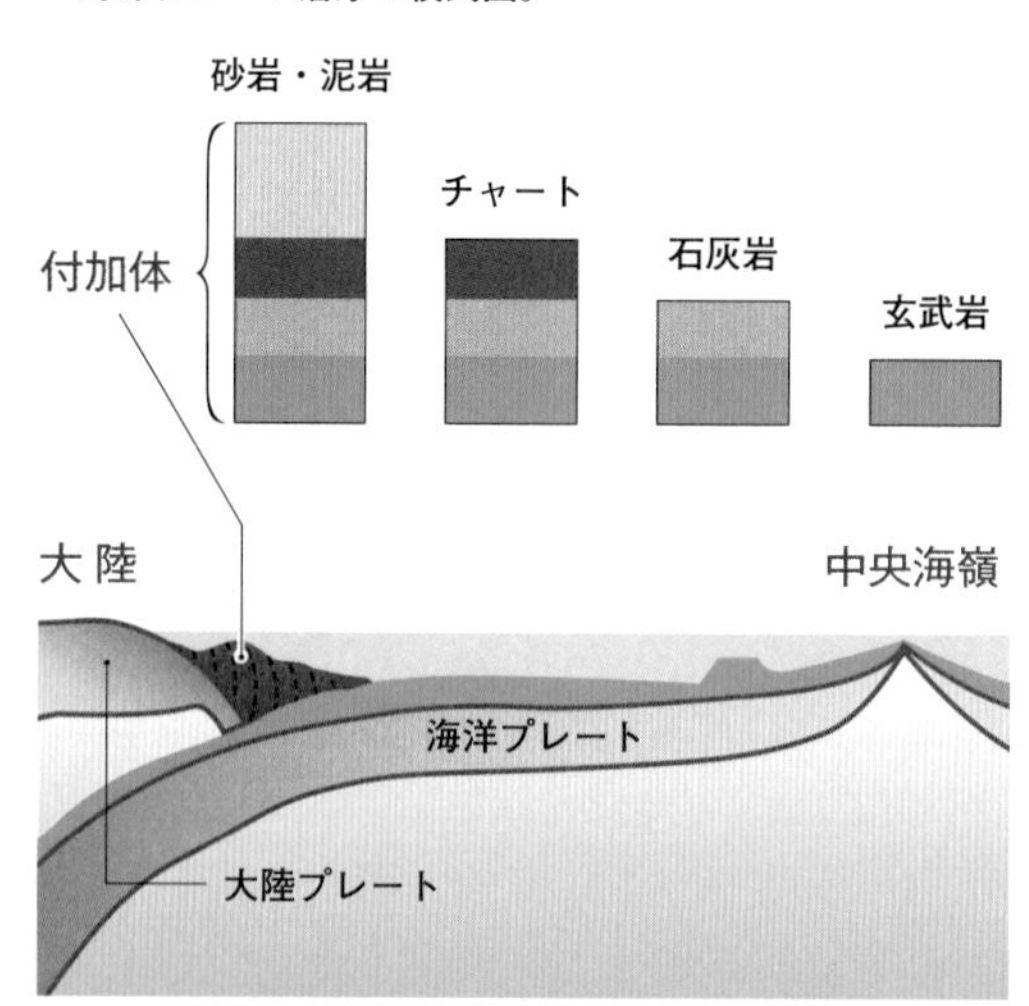

うになる。こうして、玄武岩↓チャート↓泥↓砂の順番に積み重なるのである。海洋プレートが南洋にあった場合は、サンゴ礁が石灰岩となって、この層の間に入ることもある。

遠い赤道から来たメランジュ

高知県土佐市の五色ノ浜にある**横浪メランジュ**は、**四万十帯北帯**という付加体の一部だが、もともとは赤道付近で生まれ、長い旅をしてきたプレートが海溝に沈み込むとき、岩石や堆積物、古い付加体である大陸の砂岩なども混ざった状態になったと考えられている。

そのため、玄武岩やチャート、石灰岩、大陸から流れ込んだ砂や岩の層を、一度に見ることができるのである。

▲五色ノ浜の横浪メランジュ。メランジュとはフランス語で「混合」の意味。（画像提供：土佐市教育委員会）

20

巨大な鍾乳洞 秋芳洞

カルスト台地が生んだ神秘の洞窟

カルスト地形と鍾乳洞

山口県美祢(みね)市にある**秋芳洞**(あきよしどう)は、日本最大規模の**カルスト地形**（石灰岩が雨水などに侵食されてできる地形）である**秋吉台**の地下の**鍾乳洞**である。

石灰岩が地殻変動によって隆起し、地上に出ると、酸性の雨などによって侵食が始まる。侵食が進むと、内部にしみ込んだ水が石灰岩を溶かし、多くの空洞を生む。こうしてできるのが鍾乳洞である。

▼秋芳洞内部の「百枚皿」。

鍾乳洞の内部は？

鍾乳洞の天井からは地下水がしみ出してくるが、その地下水には炭酸カルシウムが溶け込んでいる。この水が洞窟内の空気にふれると結晶化が起こる。

それが天井からつららのように垂れ下がって、**鍾乳石**を作る。また、垂れた水に含まれていた炭酸カルシウムなどが床面に積み重なり、タケノコが生えているような**石筍**（せきじゅん）を形成する。鍾乳石と石筍がつながったものは**石柱**（せきちゅう）という。このように、洞窟内の地下水などに含まれた鉱物が結晶化したり沈殿したりして化学的に形成されるものを、**洞窟生成物**あるいは**二次生成物**と総称する。

秋芳洞には、流れ出る水の波紋の縁に石灰成分が積もり、皿を並べたようになった**石灰華段**（せっかいかだん）の「百枚皿」など、特徴的な生成物が多い。

▼鍾乳洞の内部に形成される鍾乳石、石筍、石柱。

鍾乳石
石柱
石筍

▼秋芳洞の入り口。全長約9キロのうち、約1キロが一般公開されている。

21

鬼の洗濯板と青島

差別侵食が生んだ奇景と植物の楽園

鬼の洗濯板の形成過程

宮崎県宮崎市**青島**から巾着島にかけて、80万〜150万年前にできたとされる**鬼の洗濯板**という地形が、海岸沿いに広がっている。鬼の洗濯板は**潮間帯**（高潮時の海岸線と低潮時の海岸線の間）に位置し、波の侵食によって平らにされた波食棚だが、奇妙な規則的凹凸がついている。

この海岸は、硬い砂岩とやわらかい泥岩が交互に積み重なった、**砂岩泥岩互層**と呼ばれる地質になっている。

そのため、長い時間をかけて波に侵食されるうちに、泥岩が顕著に削り取られ、砂岩が残る**差別侵食**が起こった。

その結果、巨大な洗濯板のように見える地形ができたのである。

▼差別侵食の模式図。

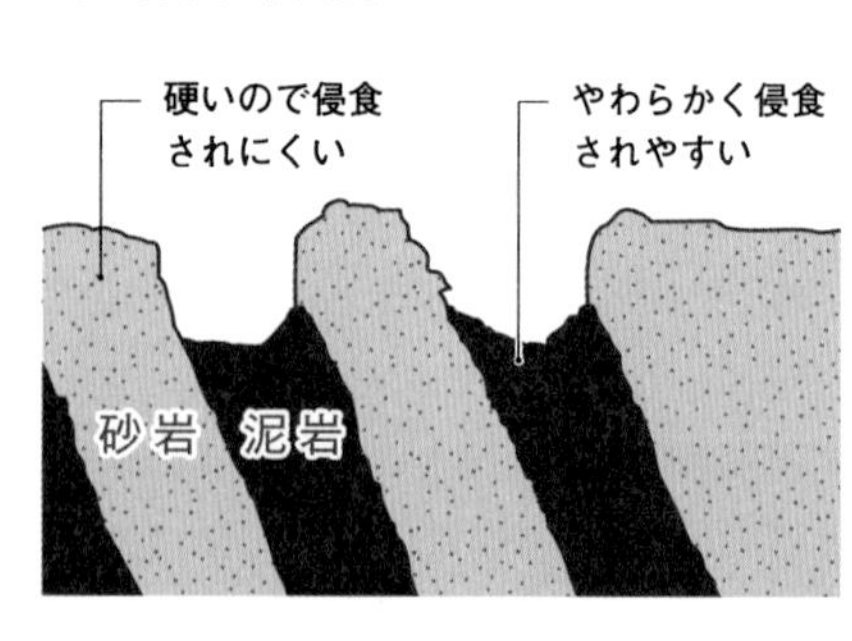

▲鬼の洗濯板と青島。（画像提供：公益社団法人宮崎市観光協会）

青島の熱帯性・亜熱帯性植物群

鬼の洗濯板に囲まれた青島は、隆起した地層の上に、潮流で運ばれた貝殻などが堆積してできた小さな島である。この島は、北半球最北の亜熱帯植物群落でもあり、本来この緯度では枯れてしまうはずの、熱帯性および亜熱帯性の植物が多く見られる。それはなぜだろうか。

第1の説は**遺存説**である。新第三紀前の日本では、高温に適する亜熱帯植物が繁殖していた。この地の気候・環境・風土が亜熱帯性植物に適していたため、時代が下っても残ったという。第2は**海着帰化植物説**で、フィリピンや沖縄方面から黒潮にのって種子や生木が漂着し、繁殖したというが、はたして真実はどうだろうか。

22

世界最大級の面積を誇る

阿蘇カルデラ

世界屈指の巨大カルデラ

阿蘇火山は、九州の中央に位置する火山である。5つの**中央火口丘**と**外輪山**、その外側のなだらかな**外輪山斜面**を総称して阿蘇火山という。

外輪山とは、カルデラ（42ページ参照）の縁にあたる尾根のことである。

中央火口丘とは、カルデラ内に新しく形成された、小規模な火山である。阿蘇の中央火口丘は、**阿蘇五岳**（ごがく）といわれる根子岳（ねこだけ）、高岳（たかだけ）、中岳（なかだけ）、杵島岳（きしまだけ）、烏帽子岳（えぼしだけ）の5つの山で、東西に一列に並んでいる。

阿蘇カルデラは、東西18キロ、南北25キロにおよび、世界最大級の面積380平方キロを誇る。これはどうやってできたのだろうか。

大噴火をくり返す

阿蘇火山の活動が始まったのは、27万年前である。14万年前と12万年前には、大規模な噴火が起こった。それぞれの時期にカルデラが作られ、中央火口丘も形成されたと考えられている。

▲阿蘇火山の巨大なカルデラ。（画像提供：公益財団法人阿蘇火山博物館）

4回目の噴火は9万年前で、最大規模の大噴火になった。そのときの火山噴出物の噴出量は600立方キロを超え、火砕流は九州中央部を覆い、一部は海を越えて山口県の**秋吉台**（90ページ参照）にまで達した。火山灰は日本海や北海道まで達したとされる。このとき、地下の**マグマ溜まり**が空洞化したせいで、地盤が陥没し、現在の巨大なカルデラが形成されたのだ。

その後、カルデラに雨水が溜まって**カルデラ湖**が形成されたり、その縁が破れて**火口瀬**という谷が作られたりしながら、数千年前までに現在の姿になったという。

ちなみに、阿蘇火山から飛散した火山灰でできた地層を見つければ、年代を特定できる。植物学や考古学などさまざまな研究分野で、重要な指標堆積物として使われているのだ。

23

火山活動が特徴的な地質を生んだ

九州南部のシラス台地

南九州の特徴的地質

南九州、特に鹿児島で特徴的な地形が、**シラス台地**である。

シラス台地とは、**シラス**（細粒の軽石や火山灰）や**溶結凝灰岩**（ようけつぎょうかいがん）（火山の噴火により放出された噴出物が地上に降ったあと、その噴出物自体の熱と重量によって、一部が溶融し圧縮されてできた岩石）などからできた台地である。高さ100メートルほどで、周囲は急な崖になっている。

▼日置市江口浜のシラス崖。（写真：Ray_go）

火山活動がシラス台地を作った

九州の南部では、数百万年前から、**火砕流**をともなう大規模な火山の噴火がくり返されてきた。シラス台地の地層は、その**火山噴出物**から形成されている。

おもなものは、33万年前、11万年前、2万5000年前の火砕流と、5500年前に池田カルデラから噴出した池田湖テフラだと考えられている（**テフラ**とは、火山灰や軽石などの火山砕屑物のこと）。鬼界カルデラから噴出したアカホヤ（42ページ参照）や、桜島、霧島山、開聞岳などから噴出した火山灰も堆積している。

養分が少なく保水性も低いため、それでも育つ、茶やサツマイモなどが生産されている。

▼もっとも大規模なシラス台地である、大隅半島の笠野原台地の断面図。

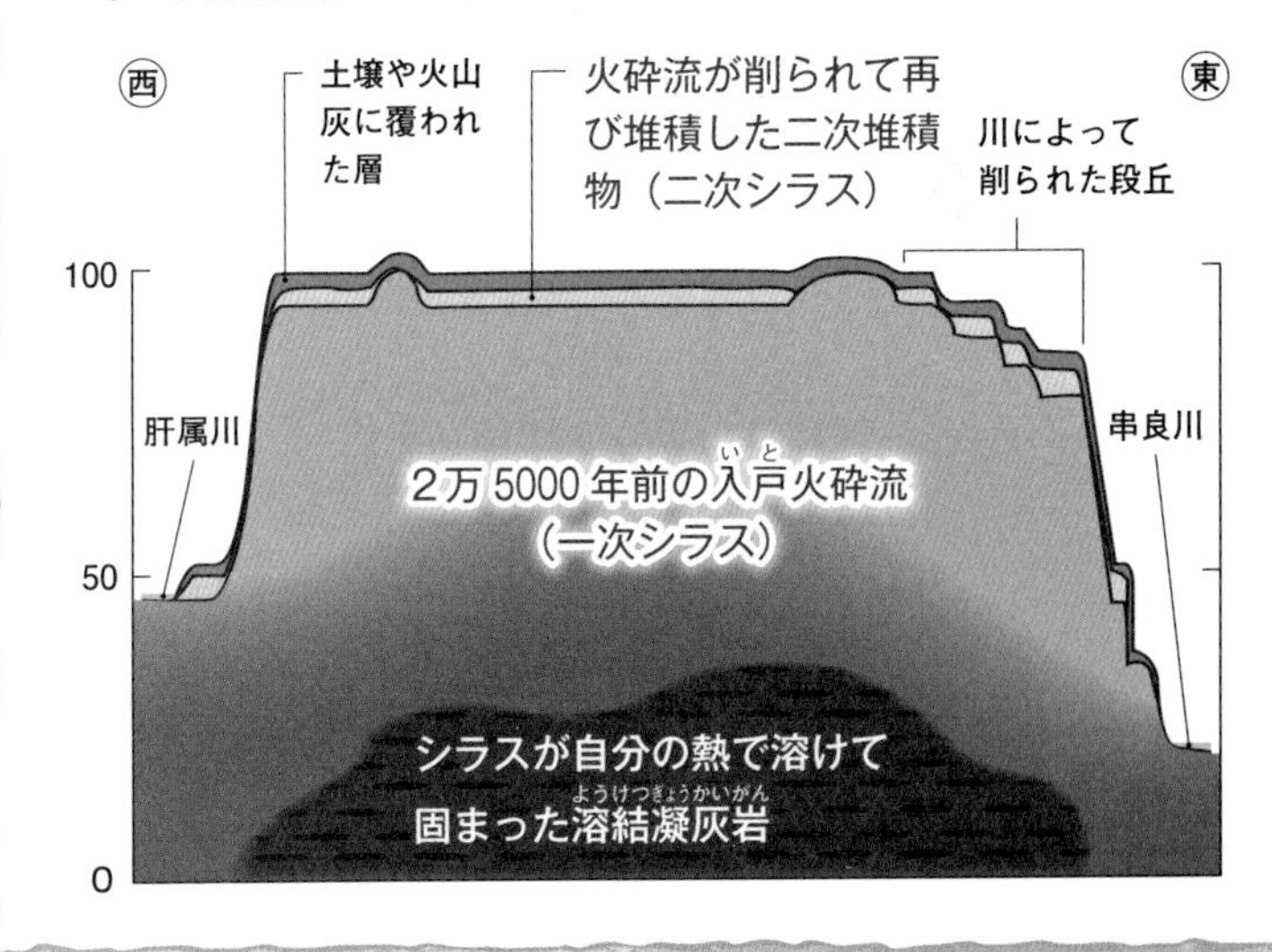

24 沖縄の玉泉洞

サンゴ礁でできた美しい鍾乳洞

サンゴ礁でできた鍾乳洞

日本列島には、海中や海岸沿いで波に削られてできた洞窟や、風化によってできた洞窟など、さまざまな種類の洞窟が存在するが、代表的なものは、石灰岩で形成された**鍾乳洞**（90ページ参照）である。

石灰岩は、サンゴ礁などの生物の遺骸の蓄積でできる。石灰質でできた殻や骨が、長い年月蓄積して、石灰岩になるのだ。

沖縄本島に、サンゴ礁でできた**玉泉洞**（ぎょくせんどう）という鍾乳洞がある。サンゴ礁が地上に隆起して、30万年前にできたものだが、国内ではもっとも若い石灰岩層といわれている。

鍾乳石が高速で伸びる

玉泉洞は、1967年に愛媛大学の調査によって、その全容が明らかになった。全長は5000メートルで、国内最大級である。現在は890メートルを一般に公開し、残りは研究用として保存されている。

▲玉泉洞の内部。（画像提供：おきなわワールド）

石灰分を多く含む水が洞窟内に流れ込むため、**鍾乳石**なども豊富で、数としては100万本以上、国内最多を誇る。

玉泉洞の鍾乳石は、3年で1ミリほどの速さで伸びているという。国内の一般的な鍾乳洞では、数十年で1ミリとされているので、その成長スピードは驚くべきものだといえる。

その理由は、温暖な洞窟内の土中で活発に活動している微生物が、呼吸によって排出する二酸化炭素である。豊かな雨水が、その二酸化炭素を吸収して弱酸性になり、石灰岩をどんどん溶かしていくのだ。

また、水によって運ばれた土砂は、洞窟内で**砂礫**（されき）**堆積地層**を作り、その中には1万5000年前に絶滅したとされる**リュウキュウジカ**の骨の破片化石などが含まれていた。

25

何ものがこれを作ったのか？

与那国島の海底遺跡

謎の海底遺跡か!?

与那国島海底遺跡と呼ばれる海底地形は、1986年にひとりの地元ダイバーによって発見された。場所は、与那国島南部の新川鼻沖の海底だった。この海底は、陸上でなければ形成されない鍾乳洞が近くにあるため、以前は陸地であったことが確認されている。

そこには、人工物のようにも見える、大きな一枚岩がある。周囲数百メートルにおよぶ巨大なもので、東西250メートル、南北150メートル、高さは25メートルもある。遠くから眺めると、巨大な神殿のようである。人工的に切り出したような跡や、人がちょうどひとり通れるぐらいの通路のような隙間、垂直と水平でできた階段のようなもの、柱の穴のようなくぼみなどがあった。そのため、遺跡ではないかとセンセーショナルに報道され、話題となった。

縄文・弥生時代の遺跡？

ただし、これが人造物の遺跡であるか、自然

▲与那国島の海底地形。（写真：Vincent Lou）

物であるかは、議論の最中であり、いまだに結論は出ていない。

1992年から琉球大学の海洋地質学者木村政昭が調査にあたっており、**海底遺跡説**を唱えている。木村のグループは、この遺跡が1万年以上前のものとの説を唱えていたが、のちに3000～2000年前に変更している。これは縄文～弥生時代に相当する。

これに対し、地質学者などの間では、**自然地形説**が圧倒的に強い。たとえば、人工的に切り出したように見える部分は、マグマの冷却時に規則的な割れ目が入る**節理**の原理（68ページ参照）で説明できるという。

日本に未知な巨石文化があったのか、まったくの自然現象なのか、遺跡捏造説まで飛び出して、その真相は、いまだ見えていない。

26 水に恵まれた大地に生まれた 日本列島の多様な湖

日本列島の湖の成因

海と直接つながっていない（例外もある）静止した水のかたまりのうち、広くて深い天然のものを**湖**と呼ぶ。水に恵まれた日本列島には多くの湖があり、その形成過程はさまざまである。

断層がずれてできたくぼ地に水が溜まった**断層湖**（諏訪湖など）、火山の噴火によってできたカルデラに水が溜まった**カルデラ湖**（摩周湖、屈斜路湖など）、火山噴出物によって川がせき止められてできたもの（阿寒湖、富士五湖）、

ランキング	面積	深さ	透明度
1	琵琶湖 670.3㎢	田沢湖 280.0m	摩周湖 28.0m
2	霞ヶ浦 167.6㎢	支笏湖 265.4m	倶多楽湖 22.0m
3	サロマ湖 151.9㎢	摩周湖 137.5m	支笏湖 17.5m
4	猪苗代湖 103.3㎢	池田湖 125.5m	パンケトー 14.0m
5	中海 86.2㎢	洞爺湖 117.0m	菅沼 13.2m

▲日本の湖の各種ランキング。

▲日本最大の湖、琵琶湖。その生態系は多様で、1000種類以上の動植物が棲息しており、固有種も多い。

川によって運ばれる土砂が支流をせき止めてできたもの（印旛沼など）、海流などによって海が区切られてできたもの（サロマ湖など）などがある。ほかにも、隕石孔にできた湖や、蛇行した川の一部が取り残されてできた湖、氷河が侵食したくぼ地にできた湖などもある。

日本列島最大の湖　琵琶湖

滋賀県にある日本最大の湖**琵琶湖**は、600万～400万年前、地殻変動によって三重県のあたりに形成されたのち、北に移動し、100万～40万年前に現在の位置に落ち着いた。

世界でも屈指の古い湖で、10万年以上存続しているため、**古代湖**に分類されている。

27 温泉を科学する

列島の各地に湧き出す癒しの泉

温泉に恵まれた日本列島

温泉とは、地中から湧き出しているお湯の泉のことである。火山列島である日本列島は、各地に温泉が噴き出し、観光資源にもなっている。

ただし、火山の地下にあるマグマに温められた**火山性温泉**のほかに、火山とは関係なく地熱によって温められたお湯が出てくる**非火山性温泉**もある。典型的な非火山性温泉は、平野や盆地などの下に閉じ込められた大昔の水がもとになっている。

▼日本を代表する温泉である別府温泉の「血の池地獄」。酸化鉄などによって朱色に染まっている。泉温は78度で、入浴はできない。（画像提供：ツーリズムおおいた）

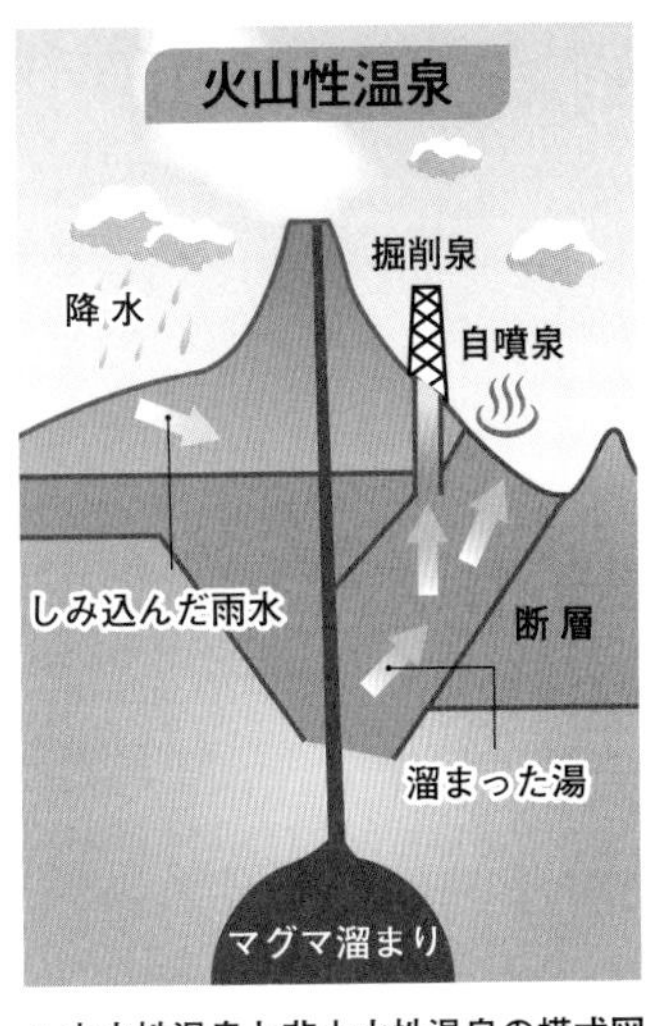

▲火山性温泉と非火山性温泉の模式図。

温泉の成分と効用

地下の高温で高圧の水は、鉱物なども溶かすことができる。これが地上に出て温泉となる。

温泉のお湯にはさまざまな物質が含まれており、それが効能をもつともいわれている。たとえば、硫黄が多く含まれる**硫黄泉**は皮膚病や婦人病などに、鉄を含む**含鉄泉**は月経障害などに、微量のラドンやラジウムなどが含まれる**放射能泉**は痛風などに効くとされる。同じ日本列島の中でも、場所などによって温泉の効能が異なっているのは、その場所の地質と密接に関係している。

温泉は浴用だけでなく、飲用されもする。ただし、成分ごとに浴用・飲用を避けるべき体質・症状の人もいるので、注意が必要である。

28

切っても切れない間柄

日本列島と火山

火山列島と呼ばれる日本

日本列島は火山列島と呼ばれ、数多くの火山が存在する。そのうち、噴火を起こす可能性のある火山を**活火山**という。およそ1万年以内に噴火したことのある火山と、活発な噴気活動が見られる火山がこれに含まれる。現在、日本には110の活火山があるとされている。

噴火による災害のリスクはあるが、火山はその一方で、温泉や地熱などの資源を与えてくれるものでもある。

日本列島に火山が多い理由

火山は一般に、地球内部の**マントル**が溶けて**マグマ**となり、それが地表に向かって上がってくることで形成される。

では、なぜ日本列島には火山が多いのだろうか。そのカギは、プレートの沈み込みにある。

日本列島周辺には、大陸プレートの下に海洋プレートが沈み込む**プレート沈み込み帯**が多い。海洋プレートの表面には、水分を含む鉱物が多くできているが、海洋プレートが大陸プレート

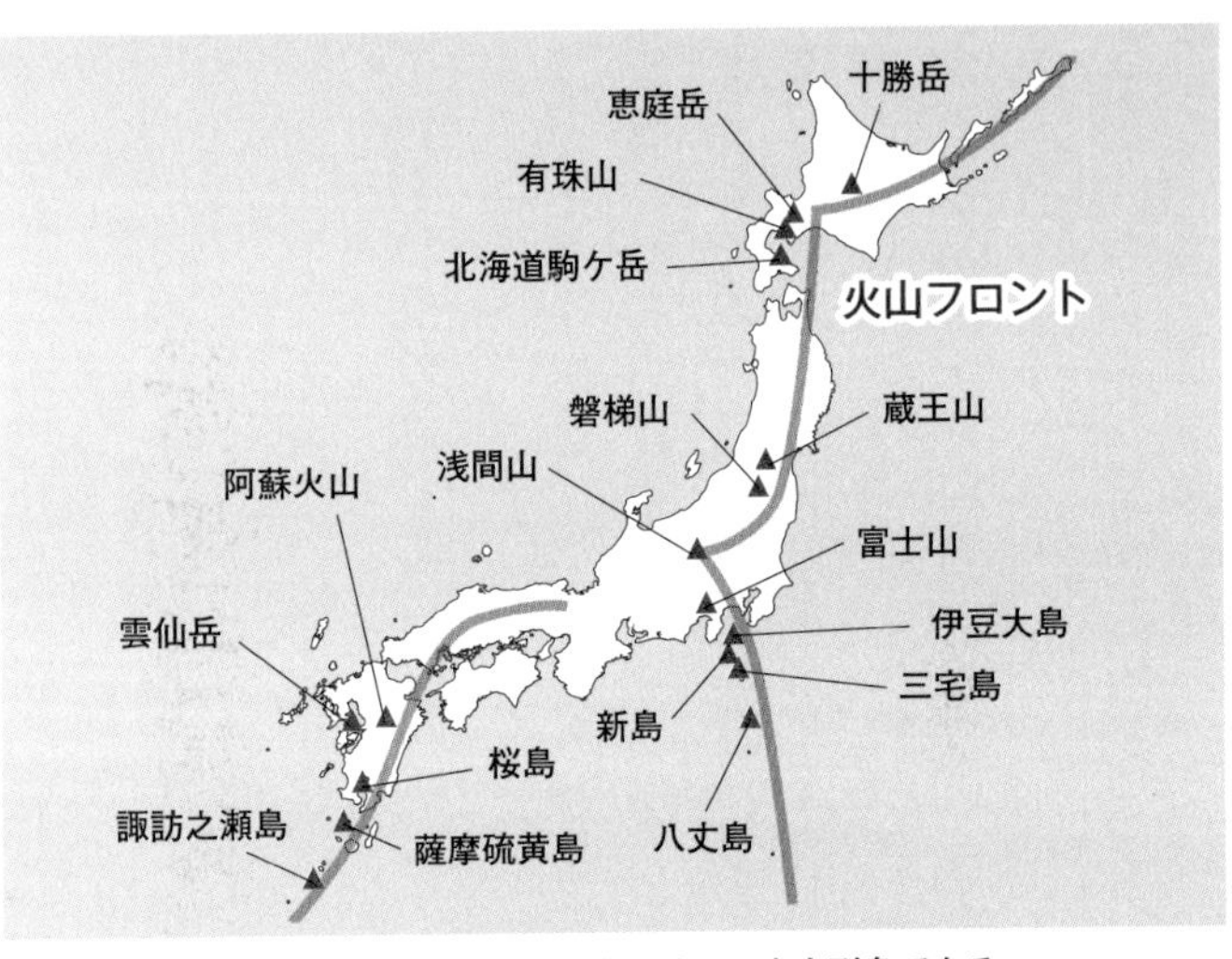

▲日本は、火山フロント上に大きな火山の並ぶ、火山列島である。

の下にもぐり込むとき、高温・高圧になり、そのせいで鉱物に含まれていた水分がしみ出す。この水が、マントルが溶けるのを助け、マグマを作り出すのである。

こうして生まれたマグマは、周囲の岩石よりも軽いため、地表に向かって上昇していく。そしていったん**マグマ溜まり**にたくわえられるなどしたのち、地表に噴出して火山となるのだ。

火山は、沈み込んだプレートの深さが100〜150キロに達したあたりの地表にできる。ゆえに火山は、海溝のラインにほぼ並行に分布することになる。こうしてできる火山帯のうち、もっとも海溝側の火山列を結んだ線を、**火山フロント**という。

この火山フロントが日本列島の上を走っているため、日本列島には、火山が多いのである。

29 プレート境界地震

プレートの沈み込みと跳ね上がりが起こす

さて、日本列島には地震が多い。

その理由のひとつは、日本列島周辺に4つものプレートがあり、それらが動きつづけていることである。

プレートの動きによってできたひずみが、日本を世界でも類を見ないほど地震多発地域にしているのだ。

地震はなぜ起こるのか？

物体に力が作用すれば、その物体は変形する。この変形の度合いを**ひずみ**という。

通常目には見えないが、地下の硬い岩盤にはさまざまな力がかかっている。そこではひずみが生まれ、蓄積されていく。耐えられなくなったひずみを解消するために起こるのが、**地震**である。

ちなみに、地震ではなく、地殻がゆっくりとずれ動く現象を**地殻変動**と呼ぶ。

日本列島周辺のプレートの動き

日本列島周辺では、**海洋プレート**が**大陸プ**

レートの下に、少しずつ沈みつづけている（20ページ参照）。

海洋プレートである**太平洋プレート**と**フィリピン海プレート**は、大陸プレートである**北アメリカプレート**と**ユーラシアプレート**の下に、少しずつもぐり込んでいる。

そのスピードは、1年につき数センチといわれる。

海洋プレートは沈み込むときに、大陸プレートを引きずり込んでいく。この動きに、大陸プレートはやがて耐えられなくなる。すると、大陸プレートが跳（は）ね上がるのである。この跳ね上がりによって起こる地震のことを、**プレート境界地震**という。

2003年十勝沖地震や、2011年の東日本大震災は、このタイプの地震に分類される。

①海洋プレートが大陸プレートの下に沈み込む。

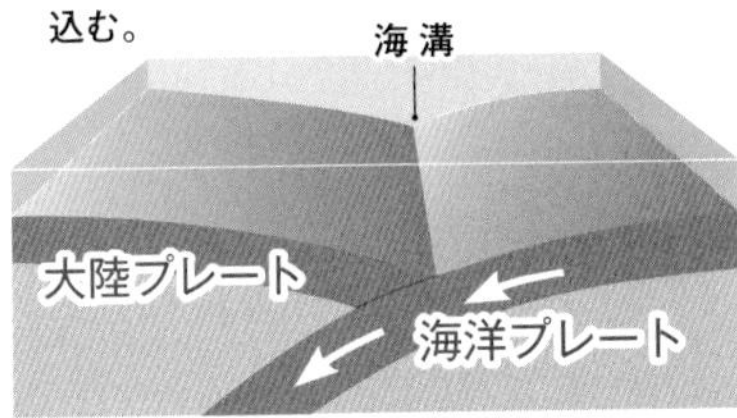

②海洋プレートに引きずられて、大陸プレートの先端部が沈降する。

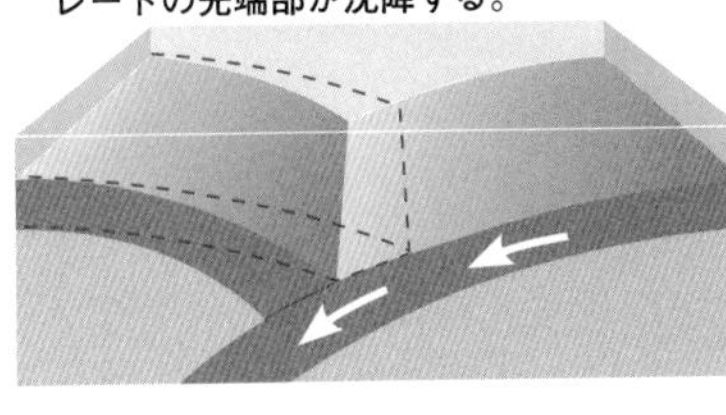

③大陸プレートの先端部が隆起して、もとに戻るときに地震が起こる。

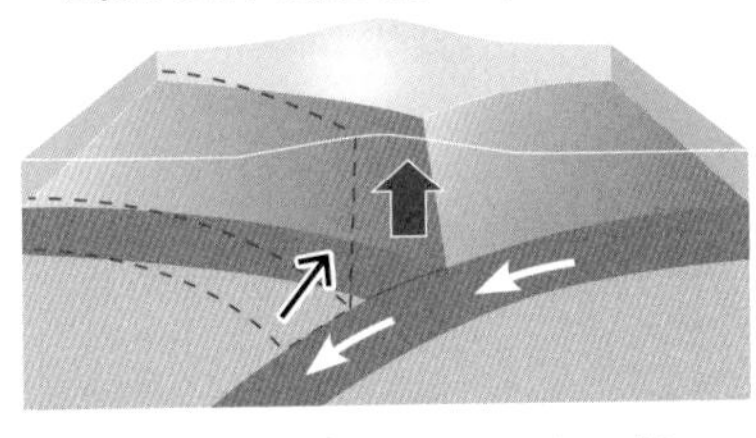

▲プレート境界地震が起こるメカニズム。

30

断層型地震

ひずみで断層がずれて大地を揺らす

断層のずれが地震を起こす

プレートの動きは、大陸プレートの跳ね上がりという形以外でも、地震につながる。

プレートが動くと、地殻にひずみが生まれる。そのひずみは少しずつ蓄積される。しかし限界に達すると、どこかをずらして解消しなければならなくなり、そのときにずらされるのが**断層**である。

断層とは、何らかの力が加わったことで、割れてずれ動いた地層や岩盤のことだ。そしてこの断層が動くことは、**断層運動**と呼ばれる。これも地震の主原因となる。

活断層はいたるところにある

断層の中でも、数十万年間にくり返しずれた跡があり、今後もずれる可能性があるものを、**活断層**という。つまり、過去に地震を起こしたことがあり、この先も起こす可能性のある断層である。

活断層の動きを注視することは、地震予知の点からも非常に大事である。

活断層は、日本列島の陸上には約2000ほどあるといわれている。なかでも、中部地方から近畿地方にかけて、非常に多くの活断層が分布している。まだ確認されていない活断層もあり、内陸部の断層の多くは**内陸直下型地震**を起こす危険性がある。

大阪の**上町断層**は、近代都市の真下にある、世界でも珍しい断層で、「日本一危険な活断層」とも呼ばれている。全長42キロ、幅300メートルのこの断層がずれると、大阪の中心部に甚(じん)大(だい)な被害がもたらされると予測されている。


活断層は海にも存在する。日本列島の周辺には、巨大な海底活断層がいくつもある。特に日本海側の、津軽海峡から北海道の西方沖などには、活断層が多い。

海の活断層がずれて地震が起こると、大きな**津波**（114ページ）の被害が出ることが懸念されている。

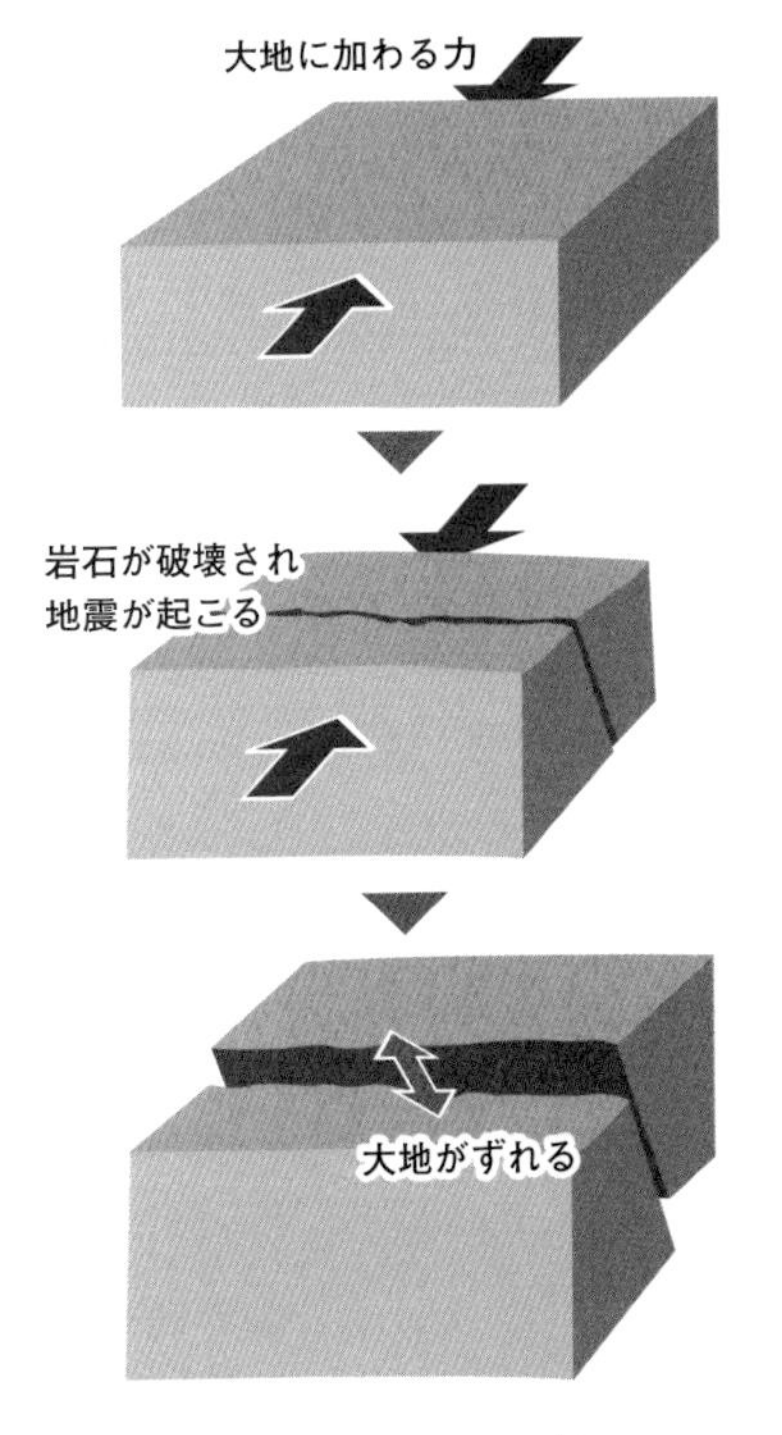

▲断層型地震の起こるメカニズム。

31 南海トラフの危険性

巨大地震は起こるのか？

本列島に沿う形で下にもぐり込む。そのことによって南海トラフは生まれたのである。

巨大なひずみ　南海トラフ

南海トラフとは、駿河湾(するが)から九州東方沖まで、約700キロにわたって東西に走る海底の溝であり、日本列島に寄り添うように存在する。水深は非常に長く、本州の半分ほどにもなる。水深は4000メートルといわれている。

南海トラフは、ユーラシアプレートとフィリピン海プレートがぶつかる位置にある。フィリピン海プレートは海水を含んでいるため重く、軽いユーラシアプレートを押し上げながら、日

かつての巨大地震

南海トラフは、今後巨大地震を起こすのではないかと心配されている地帯だが、過去にも1854年の**安政(あんせい)東海地震**、1944年の**昭和東南海地震**、1946年の**昭和南海地震**など、大きな地震を引き起こしている。南海、東南海、東海地方は、巨大地震の危機に直面していると

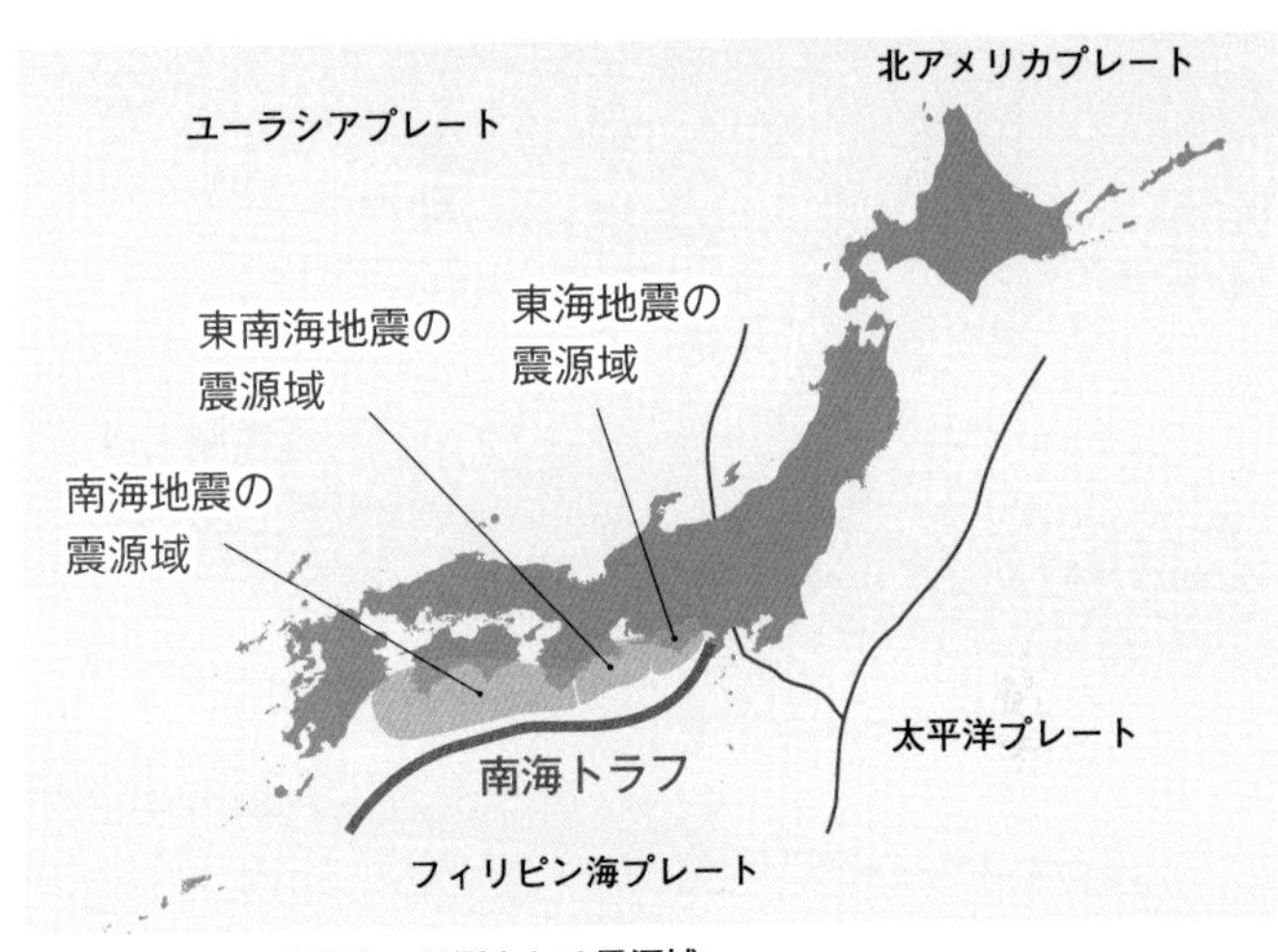

▲南海トラフの位置と、予測される震源域。

いえる。また水深が深いため、津波被害も大きいと予想される。もしこの地域で津波が発生した場合、マグニチュード9規模だとすると、津波は最大で34メートルと予想され、死者は32万人、帰宅困難者は380万人、被害総額は220・3兆円ともいわれている。

南海トラフは過去、100年から150年周期で地震を発生させている。安政東海地震が発生してから160年たっていることから、東海地方は地震がいつ発生してもおかしくない状況だともいえる。30年以内での発生率は70～80パーセント、50年以内では90パーセントと予測されている。近畿地方ほぼすべてが震度6以上になり、もし南海トラフを震源とする地震が発生したら、高層ビルなどの被害も甚大となると予想される。

32

自然はときに恐ろしい

津波が起こる理由

津波とは？

津波とは、海岸を襲う大波のことで海底での地震や海底火山活動、山の崩壊などが原因で起こる。

海で地震が起きると、海底では盛り上がりや沈み込みなどの現象が発生する。プレートがずれることが原因だ。

それにともない海水は上下に大きく変動し衝撃波を発生させる。

その波が海岸に到着するころには大波となる。これを津波という。

津波は長周波の波だ。波長が非常に長い。また波高が巨大になりやすいのが特徴だ。そして陸上に達すると、津波はさらに大きくなる。

大きな津波は陸地深くに侵入し、住民、住宅、市町村を破壊し多くの被害をもたらすことになる。

津波予報は波高1メートル以下の場合は**津波注意報**だが、1～3メートルは**津波警報**となり**大津波警報**は3メートル以上のものに対して発表される。大津波警報はもとより、津波警報が出たら、ただちに避難が必要となる。

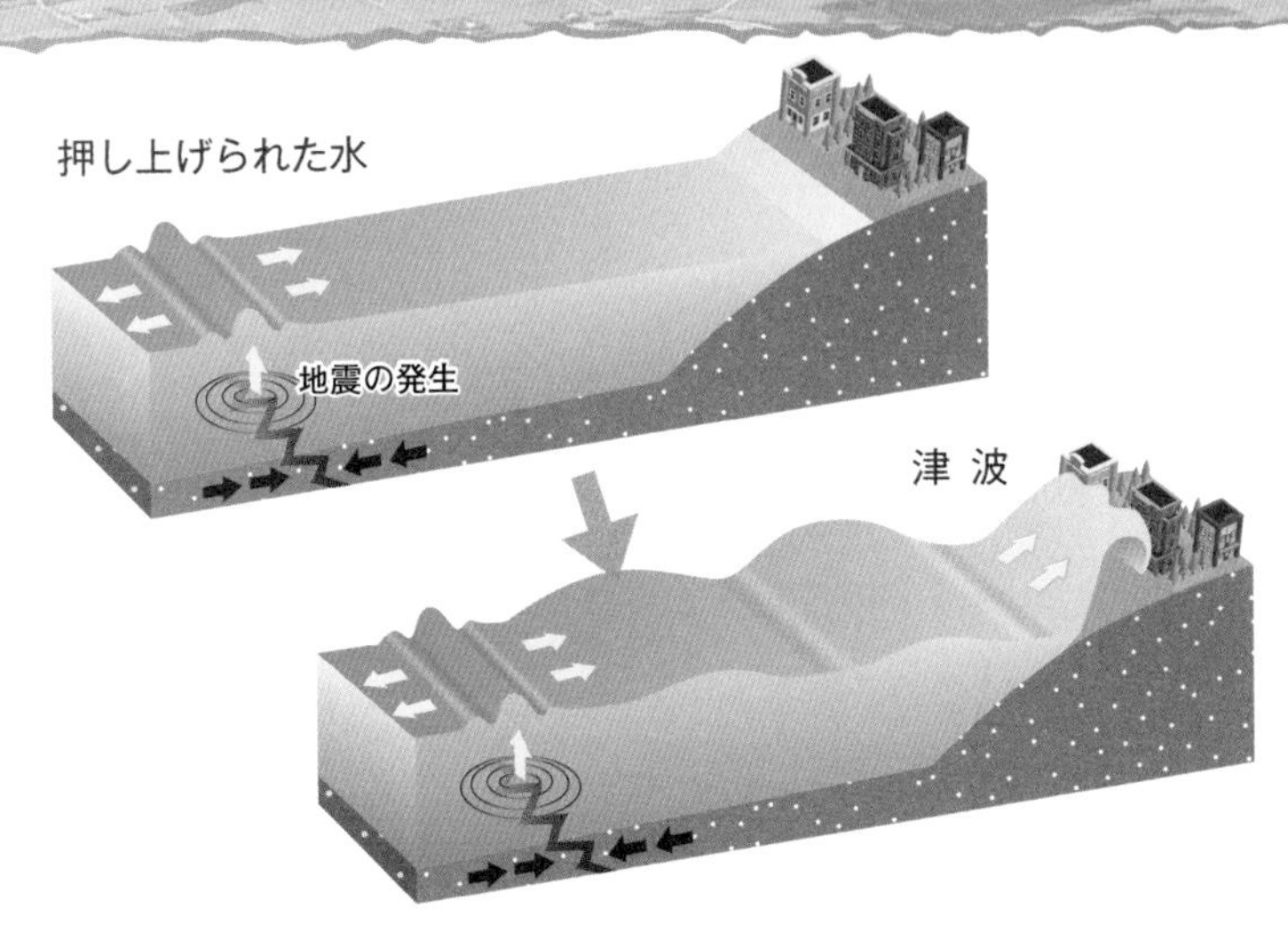

▲津波の発生するメカニズム。海で発生した地震によって押し上げられた水が、大波となって海岸を襲う。

日本列島と津波

日本列島付近では、6000年前から2100年前にかけて、三陸地方や仙台あたりが何度も津波に襲われたことがわかっている。2000年前には、南海トラフで起きた超巨大地震によるものと考えられる巨大津波が発生している。

日本で記録が残っているうち、もっとも古い地震津波は、684年の**白鳳**（はくほう）**地震**のときのもので、四国に甚大な被害をもたらしたとされる。

また、1771年の**八重山地震**による**明和の大津波**は、波が85メートルもの高さに達したと記録され、日本の歴史上もっとも高い津波といわれている。ただし、近年の科学的分析によると、実際には30～40メートルだったという。

COLUMN 02

❖「しんかい6500」の性能

しんかい6500は、日本が世界に誇る深海探査艇だ。その名のとおり、水深6500メートルまでもぐることができる。**海洋研究開発機構（JAMSTEC）**が所有し、地震の原因となる海洋プレートの沈み込みや、深海生物の生態研究、地球の熱や物質循環の解明などの調査を行っている。

このような深海探査艇は、世界でも7隻ほどしか存在せず、しんかい6500以上もぐれる探査艇は1隻しかない。しんかい6500は1989年に完成、世界中の海底の地形や地質、深海生物などを調査し、2017年には通算1500回目の潜航を達成した。

全長9・7メートル、幅2・8メートル、高さ4・1メートルで重さは26・7トンある。乗員は操縦士1名、副操縦士1名、研究者1名が基準となる。コックピットは、軽くて丈夫なチタン合金製の球体である。覗き窓は3つで厚さ13・8センチのメタクリル樹脂でできている。

推進装置は前後の移動をするためのメインスラスター、上下垂直用と左右水平用のスラスターがそれぞれ2基装備されている。マニピュレーターと呼ばれる7つの関節がついたロボットアームが2本装備されている。

2・5時間かけて深度6500メートルに到達し、調査後に2・5時間かけて浮上する。計算上は、1万メートル以上もぐることができるという。今までに、宇宙飛行士の毛利衛やタレントの中川翔子、草彅剛（くさなぎつよし）らも乗船している。

第3章

気候と気象の秘密

01

バラエティに富んだ日本列島の気候

6つの気候区

日本列島のさまざまな気候

日本の気候は、大きく6つに分けられる。**北海道の気候**、**太平洋側の気候**、**日本海側の気候**、**中央高地の気候**、**瀬戸内の気候**、**南西諸島の気候**である。

北海道の気候は、ほぼ**亜寒帯湿潤気候**である。夏と冬の温度差が大きく、冬は全域が豪雪地帯となり、降った雪は**根雪**となる。北海道には梅雨がないとされ、梅雨入りは発表されない。

太平洋側全般の気候の特徴としては、夏季は雨が多く湿度が高い。冬季は雨が少なく乾燥している。気温は北に行くほど低い。海岸沿いは温暖だが内陸部ほど気温の差が激しくなる。

日本海側は、暖流の対馬海流と寒流のリマン海流が流れ（120ページ参照）、**季節風**（130ページ参照）の影響も大きく受けるため、気候の変化は激しい。冬は豪雪地帯となり、夏は気温が高くなる。**温暖湿潤気候**が中心だが、北海道・東北地方北部の一部は**亜寒帯湿潤気候**である。

中央高地の気候は、標高の高い山地に囲まれている盆地の気候である。季節風の影響を受け

▲日本の６つの気候区。

ないため、一年を通して安定し湿度は低めで降水量も少ない。冬季の朝晩の気温はかなり低くなる。

瀬戸内の気候も、季節風が山地に遮られるために年間を通して天気、湿度は安定する。夏の季節風は四国山地に、冬の季節風は中国山地にそれぞれ遮られる。

同じ国でも気候帯が違う!?

日本のほとんどの地域は**温帯**であり、温帯のうちの温暖湿潤気候に属する。しかし、南西諸島の気候は**亜熱帯気候**になる。熱帯と温帯の中間のような気候である。沖縄、奄美諸島、小笠原諸島などがこの気候で、一年中気温が高い。

前述の東北地方北部の一部や北海道が亜寒帯湿潤気候であり、同じ国の中に、異なる気候帯が存在している。

02

海流が列島の気候を支配する

日本の気候と海流

日本の周囲を流れる4本の海流

日本列島の気候は、**海流**に支配されているといえるだろう。

列島の周囲には、日本海側と太平洋側に、南から北上してくる**暖流**と、北から南下してくる**寒流**が、2本ずつ流れている。日本海側の暖流は**対馬海流**、寒流は**リマン海流**である。太平洋側の暖流は**日本海流**、寒流は**千島海流**である。

このうち、気候に大きな影響を与えているのは暖流である。赤道で温められた暖流は、日本列島によって対馬海流と日本海流に分けられ、日本海と太平洋側に流れ込む。暖流は、海水温が高く、蒸発しやすい。そこで生まれた水蒸気は、季節によって吹く方向が変化する**季節風**(130ページ参照)に乗り、多くの雨をもたらすことになる。

日本の夏の季節風は南東の風、冬はその逆で北西の風である。そのため夏は太平洋側からくる季節風が日本の山脈に当たり、太平洋側に多くの雨をもたらす。冬は日本海側からくる季節風が山脈に当たり、日本海側に雨や雪をもたらすのである。

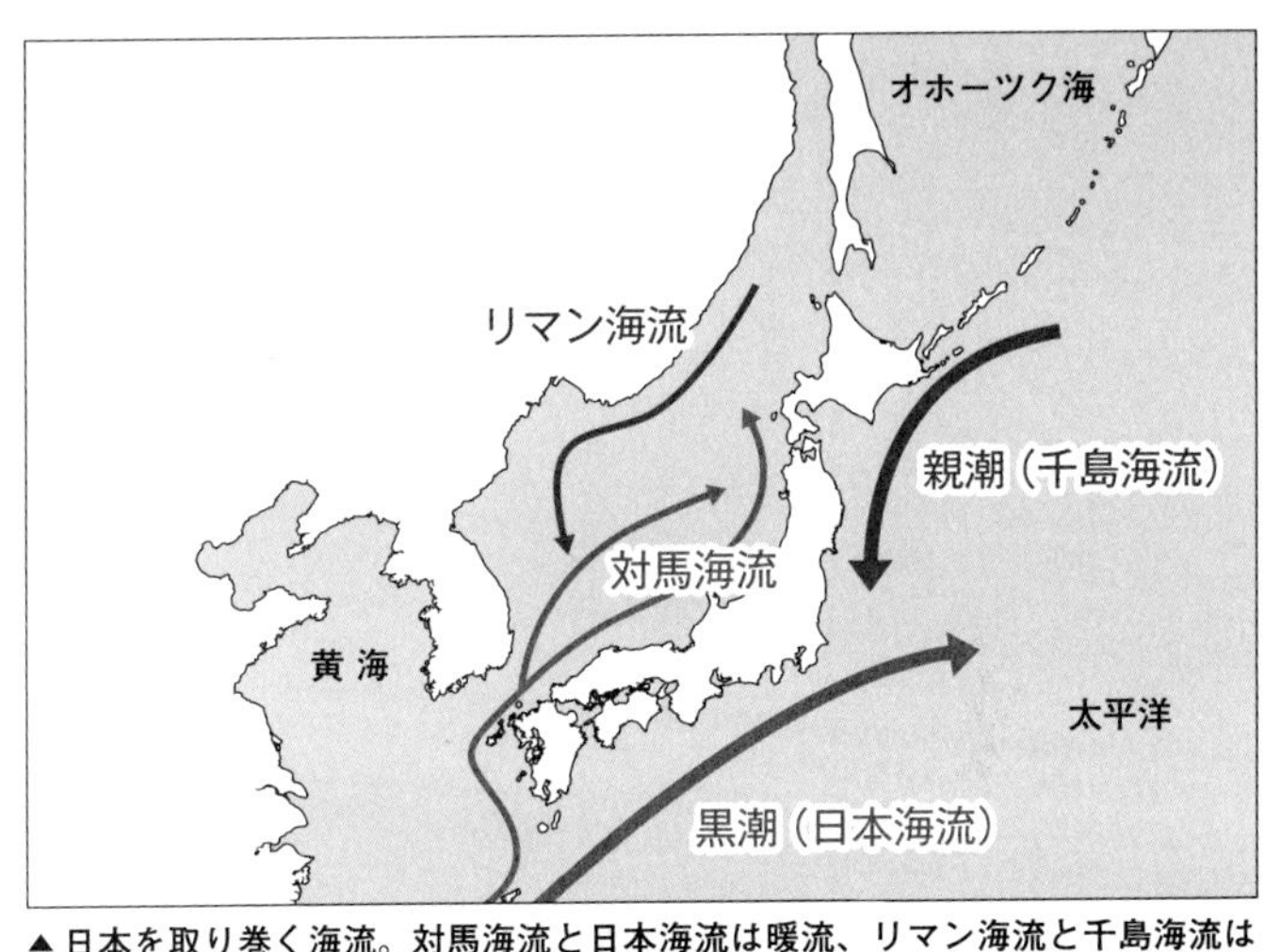

▲日本を取り巻く海流。対馬海流と日本海流は暖流、リマン海流と千島海流は寒流である。海流は気候に大きく影響する。

雪をも支配する海流

暖流は赤道付近で温められ、高緯度（北）に向かって流れる。周囲の大気を温めながら流れるため、暖流沿岸は温暖な気候になる。また温められた大気は水蒸気を発生させるために高温多雨な気候となるのだ。

日本海側には暖流も流れているが、冬は気温が低く雪が多くなる。これは大陸から吹いてくる寒気が、暖流の上を通過するときに多くの雲を発生させるからだ。

寒流が影響するものに、北海道・東北地方の**やませ**がある。春から夏にかけて吹く北東よりの風のことで、寒流の上を通過するため冷たく湿った大気となり、季節外れの冷気をもたらす。

03

黒潮が気候に与える影響

直進か蛇行かで大違い！

黒潮と日本列島

日本列島の周囲を流れる4つの海流のひとつで、**日本海流**とも呼ばれる**黒潮**は、日本列島に沿って太平洋側を流れる**暖流**である。

黒潮は、世界最速の海流のひとつでもある。流れの最速部分は秒速2メートル以上にもなる。まるで川のような速さだ。

黒潮の起源は**北赤道海流**で、フィリピン諸島、東シナ海、トカラ海峡を経て日本の南岸に流れてくるが、ここから分流して東に流れるのが黒潮なのである。北太平洋の中緯度海域を時計回りに流れている、亜熱帯循環の一部だといえる。

黒潮の海水温は夏季でセ氏30度近くあり、冬季でも20度近くになる。高濃度の塩分を含んでいる。

黒潮の直進と蛇行

黒潮は暖流であるため、沿岸部の気温を高めるはたらきがある。

日本の太平洋側は、夏は高温多湿だが、その

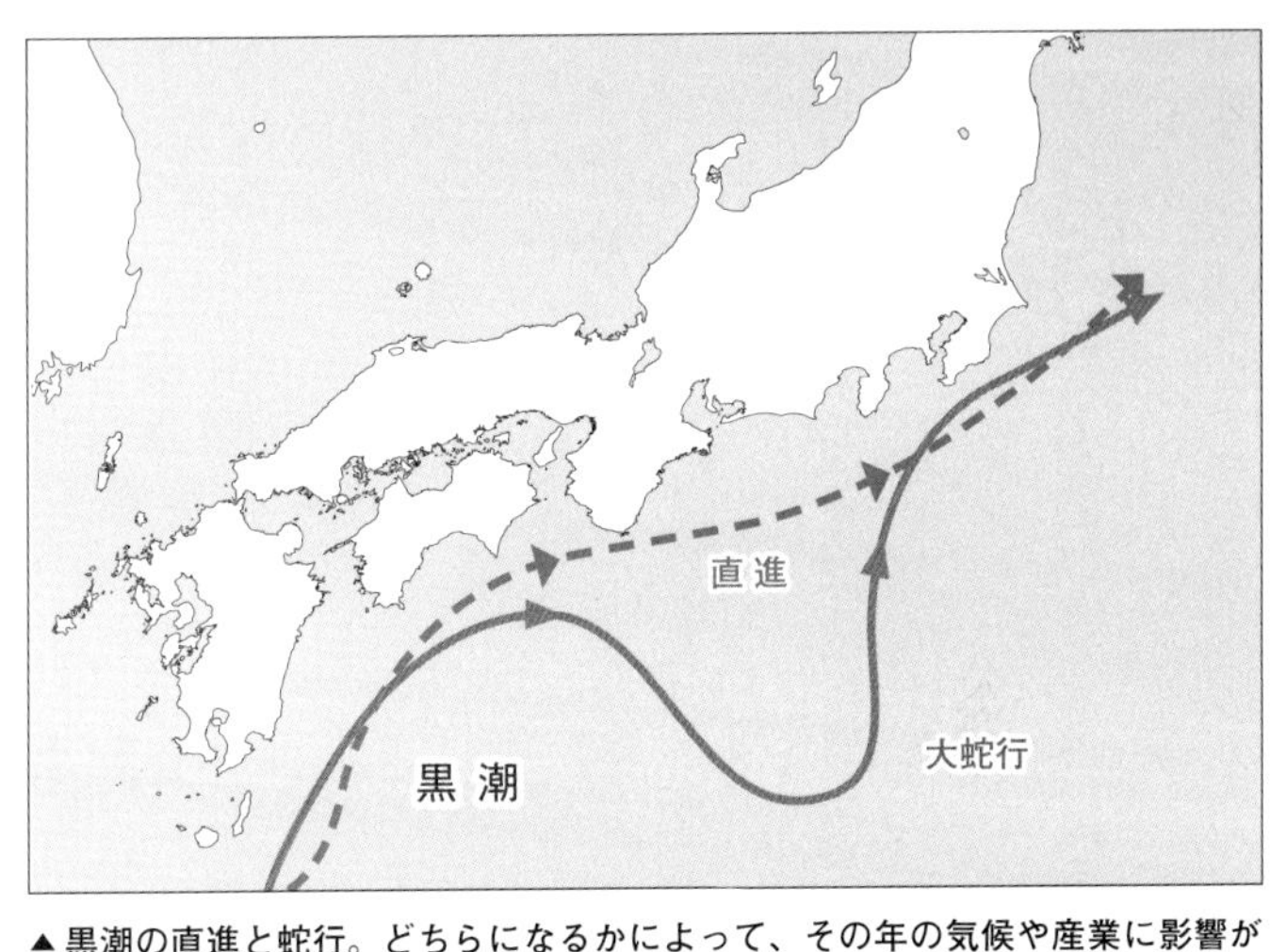

▲黒潮の直進と蛇行。どちらになるかによって、その年の気候や産業に影響が出る。

気候には黒潮が大きく影響し、豊かな農作物を育む土台となっている。また、日本人が大好きなマグロやカツオをもたらしてくれるのも黒潮だ。

じつは、黒潮は年によって、日本の沿岸近くを**直進**する場合と、沖のほうを**蛇行**する場合がある。

そして、蛇行した年の冬は、東京に多くの雪をもたらす傾向があるという。原因の詳細は不明だが、南岸低気圧が、黒潮が蛇行すると沿岸部から離れることと関係しているらしい。

また蛇行した年は、シラスなどの沿岸漁業が不漁になるともいわれている。2004年から2005年に大蛇行が起こり、さらに2017年にも発生している。大蛇行による影響は1～2年続くといわれている。

低気圧で天気が悪くなるのはなぜ？

気圧と気象の基本的な関係

気圧とは何か

日本列島の気象について理解するためには、気圧と気象の基本的な関係を知っておく必要がある。

気体の圧力、多くの場合は大気の圧力のことを、**気圧**という。空気にも重さがあり、その重さによる圧力が気圧となる。

天気図で、同じ気圧の地点を結んだ線を**等圧線**という。

地図上に記入した等圧線は、必ずもとの位置に戻る閉じた曲線になる。等圧線を描くと、気圧の高いところと低いところを把握することができる。周辺より気圧が高い部分を**高気圧**、気圧が低い部分を**低気圧**という。

気圧配置と気象

空気は気圧の高いところから低いところへと移動する。したがって、高気圧の中心からは外側に向かって風が吹く。逆に、低気圧の中心には周辺から風が吹き込む。

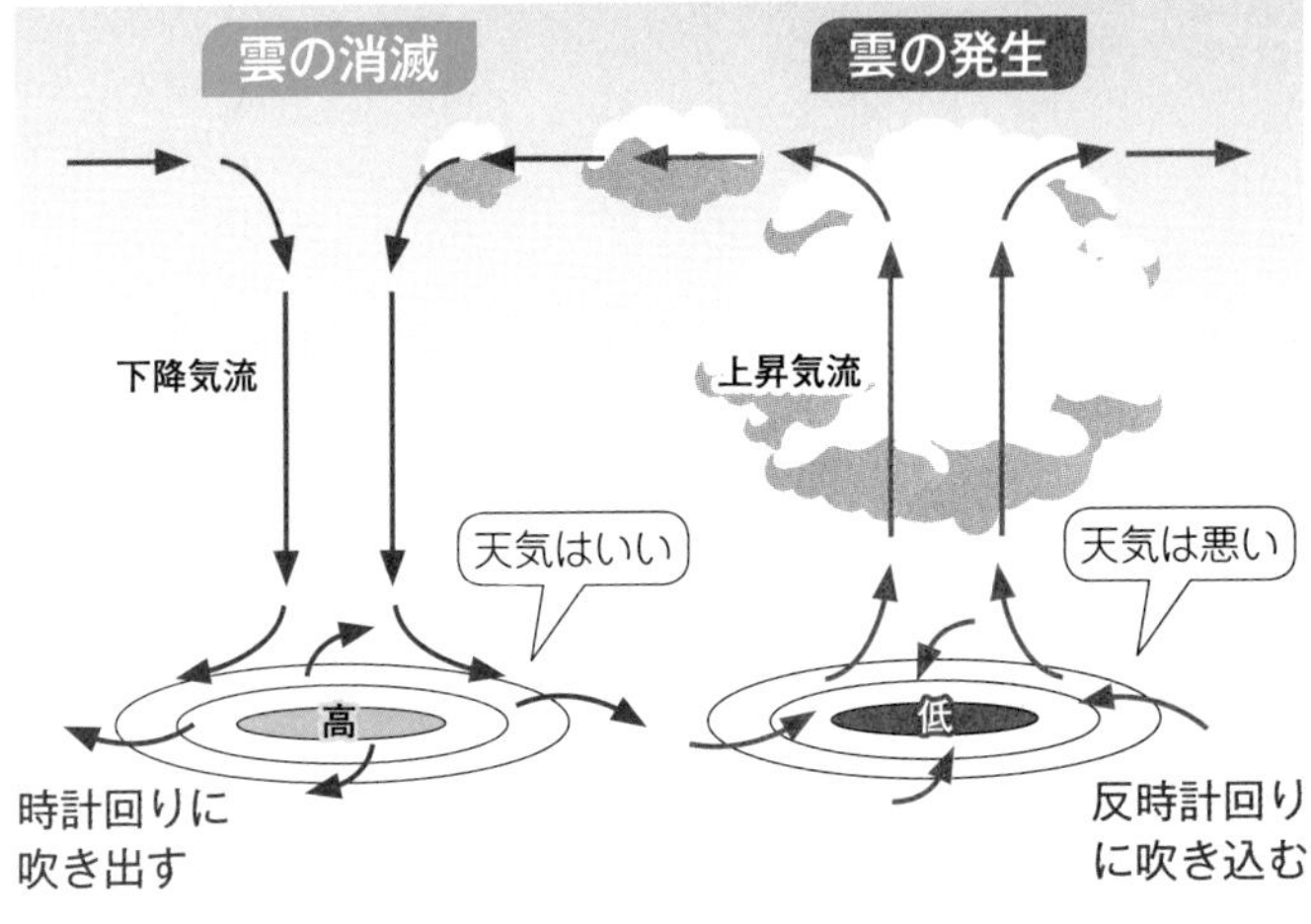

▲高気圧の中心部には下降気流があり、その風は時計回りに吹き出す。低気圧の中心部には風が反時計回りに吹き込み、上昇気流が生じる。

また、高気圧の中心部には、空気が地上に向かって移動する**下降気流**がある。低気圧の中心部には、空気が上空に向かって移動する**上昇気流**が生じる。

上昇気流は雲を生む。したがって、低気圧のところでは天気が悪くなる。これに対して、高気圧の下降気流は雲を消滅させるので、高気圧のところでは天気がよくなる。これが気圧と気象の基本的な関係である。

高気圧や低気圧の位置関係のことを、**気圧配置**という。

西に大陸と日本海があり、東に太平洋が広がる日本列島の気候・気象は、周囲の気圧配置によって大きく影響を受けている。だから天気予報などでは、気圧の位置関係を読み解いているのである。

05

これさえわかれば天気が読める

日本列島の代表的な気圧配置

冬型の西高東低

日本の代表的な気圧配置のひとつに、**西高東低**の気圧配置がある。冬の典型的な気圧配置であり、「冬型の気圧配置」とも呼ばれる。

日本列島の北西にある高気圧は、**シベリア気団**である。空気は気圧の高いところから低いところへ移動するため、大陸性の乾燥した冷たい風が、シベリア気団から日本列島に向けて吹いてくる。これが日本海を渡るとき、暖流である対馬海流の湿気を受け取り、山脈に当たって日本海側に豪雪を降らせるのである。そして、この冷たい風は、日本列島に冷え込みをもたらす。

一方、日本列島の北東のオホーツク海は、北極から来る冷たい空気と、南の太平洋から来る温かい空気との境目となって、空気の渦ができる。これこそが、東の低気圧の正体である。

▼西高東低の気圧配置。

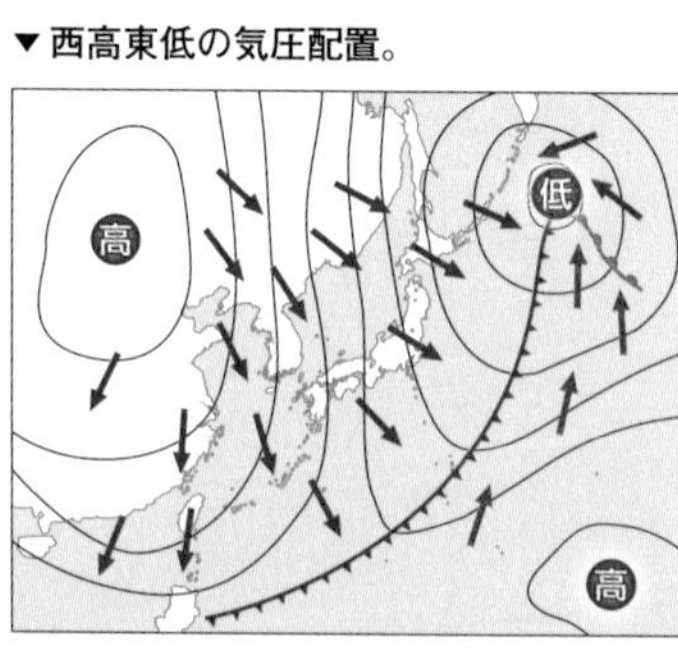

夏型の南高北低

日本列島の夏の典型的な気圧配置は、南に**小笠原気団**の高気圧が、北にユーラシア大陸の低気圧がある、**南高北低**の気圧配置である。

海洋に比べて**熱伝導率**の大きい大陸は、夏に温度が高くなり、空気を熱して上昇気流を生むため、大陸に低気圧ができる。

大陸で上昇した空気は、太平洋側で降りてくる。この下降気流によって、南側に高気圧が生まれるのである。

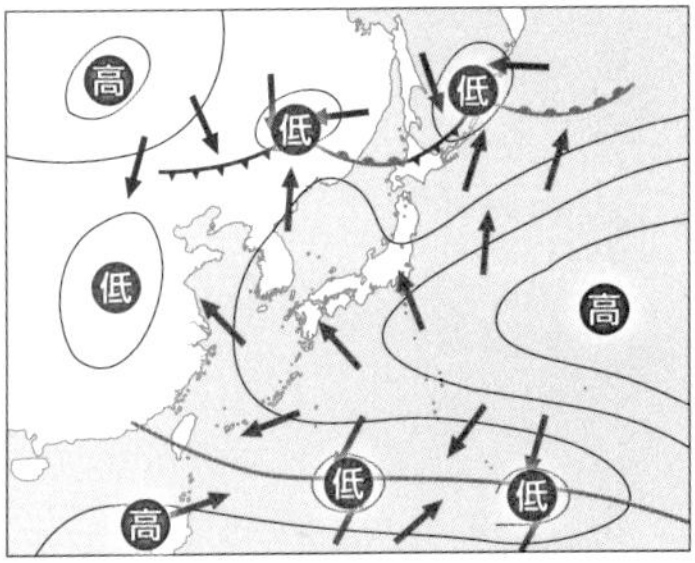

この気圧配置になると、小笠原気団から大陸に向けて、高温多湿の南東の季節風が吹く。日本列島は蒸し暑くなり、雷雨も多く発生する。

▼南高北低の気圧配置。

春・秋の気圧配置

春と秋は、シベリア気団と小笠原気団の勢力があまり強くなく、日本の天気は不安定になる。北緯30～50度の東西方向に、高気圧と低気圧が交互に並び、日本列島を通過する。そのため、天気は不安定である。

そのほか、日本列島周辺には、いくつも特徴的な気圧配置が見られ、それらはいろいろな天気の状態に影響をおよぼしている。

美しい季節がめぐる理由

日本に四季があるのはなぜ？

赤道地帯は、太陽の光をほぼ垂直に受けるため、一年を通して暑くなる。

地球上で、太陽光をほぼ垂直に受ける範囲は、赤道から**北回帰線**（北緯23・4度）までと、赤道から**南回帰線**（南緯23・4度）までである。

日本の四季は奇跡的

日本の**四季**は寒暖の差で生まれるのだが、その寒暖の差は、太陽によって照らされる角度で決まる。

太陽光の射す角度による寒暖差

地球は一年かけて太陽の周囲を公転し、地球の自転軸は23・4度傾いている。

太陽光の射す角度が高く、直角に近くなるほど、光の照らす面積が減り、そこに光が集中するため、エネルギーはより強くなる。

逆に角度が低いと面積が増え、エネルギーはその広い面積に分散することになる。

つまり、一年の中で、太陽から受けるエネルギーの範囲と強さに差が生まれるのである。

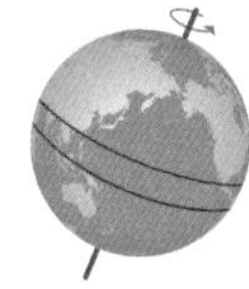
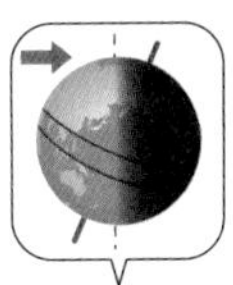
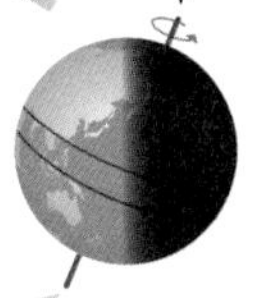

▲太陽と地球の位置関係により、季節が生まれる。

北回帰線から南回帰線までの地域は一年中熱帯だが、それ以外の地域は地球の公転でできる歪みが一年の間に温度差を生む。

世界には、同緯度であっても、四季の変化がはっきりしている地域と、はっきりしていない地域がある。

日本の四季がはっきり分かれているのは、緯度だけでなく、海や陸の分布も大きな要因として影響を与えているためである。

さらに、日本は夏には小笠原気団、冬にはシベリア気団、梅雨の季節はオホーツク気団、春と秋は揚子江気団の影響を受け、季節風も影響を与えている。

日本の四季は、絶妙な緯度だけでなく、自然現象や海や山といった要因が生み出した奇跡といえるのだ。

07

季節によって風が変わる

季節風のメカニズム

逆転によって生まれる季節風

ある地域で、決まった方角への風がよく吹く傾向があるとき、その風を**卓越風**と呼ぶ。

そして卓越風のうち、季節によって吹く方角が変わるものを、**季節風**（**モンスーン**）という。多くの場合、季節風は、夏と冬で風向がほぼ逆になる。

季節風が生まれる原因は、大陸と海洋の性質の違いにある。

大陸はいわば固体なので、**熱伝導率**が大きく、暖まりやすく冷めやすい。逆に、海は液体なので、熱伝導率が小さく、暖まりにくく冷めやすい。それゆえに、夏は大陸のほうが海よりも暖かくなり、冬は大陸のほうが海よりも冷たくなる。

一般に、空気は暖められると上昇する。すると、その下に冷たい空気が入り込んでくる。つまり、冷たいほうから暖かいほうへ風が吹くことになる。

したがって、夏は海から大陸に風が吹き、冬は大陸から海に風が吹く。これが、季節風の基本原理である。

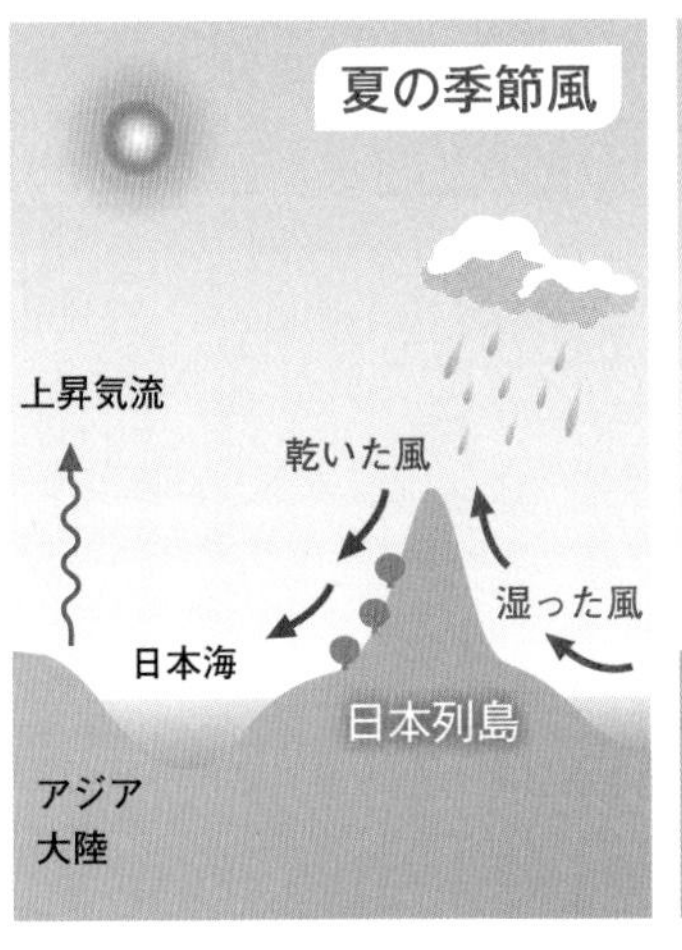

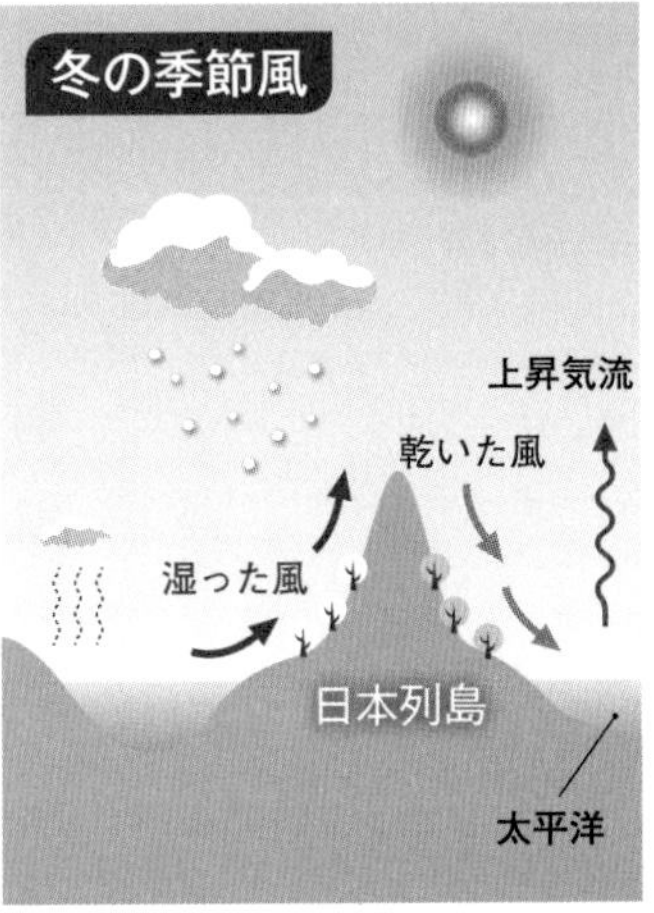

▲夏の季節風と冬の季節風。夏は太平洋から大陸のほうへ南東の風が吹く。冬は大陸から太平洋のほうへ北西の風が吹く。

日本の季節風

日本列島の場合も、夏と冬で逆向きの季節風となる。夏は太平洋から大陸に向けて南東風が、冬はシベリアから太平洋に向けて北西風が吹くのである。冬に日本海側に雪が多いのは、日本海を流れる暖流の対馬海流の影響だ。大陸からの季節風は乾燥しているが、日本の海上で暖流からの水蒸気を含むのである。

オホーツク気団から吹く**やませ**（121ページ参照）は、北海道、東北地方などの太平洋側に発生する。冷気をともなう風は、農作物などに多くの被害をもたらすため、やませが長く吹くと冷害の原因となる。また、中経緯度地域に常時吹いている西からの風を**偏西風**という。

08

春を告げる風は意外に激しい

春一番はなぜ吹くか

春一番とは何か

2月の立春から3月の春分の間に、その年初めて吹く南風を、**春一番**という。吹くと気温が上昇し、ぽかぽかと春らしくなる。だが翌日には寒さがぶり返すことが多く、これを「寒の戻り」といっている。

日本の冬の気圧配置は、西の大陸側の気圧が高く、東の太平洋側の気圧が低い**西高東低**である。だが冬が終わるころ、大陸側（西側）の気圧が弱まり、低気圧が発生する。発生した低気

▼春一番が吹くときの天気図。

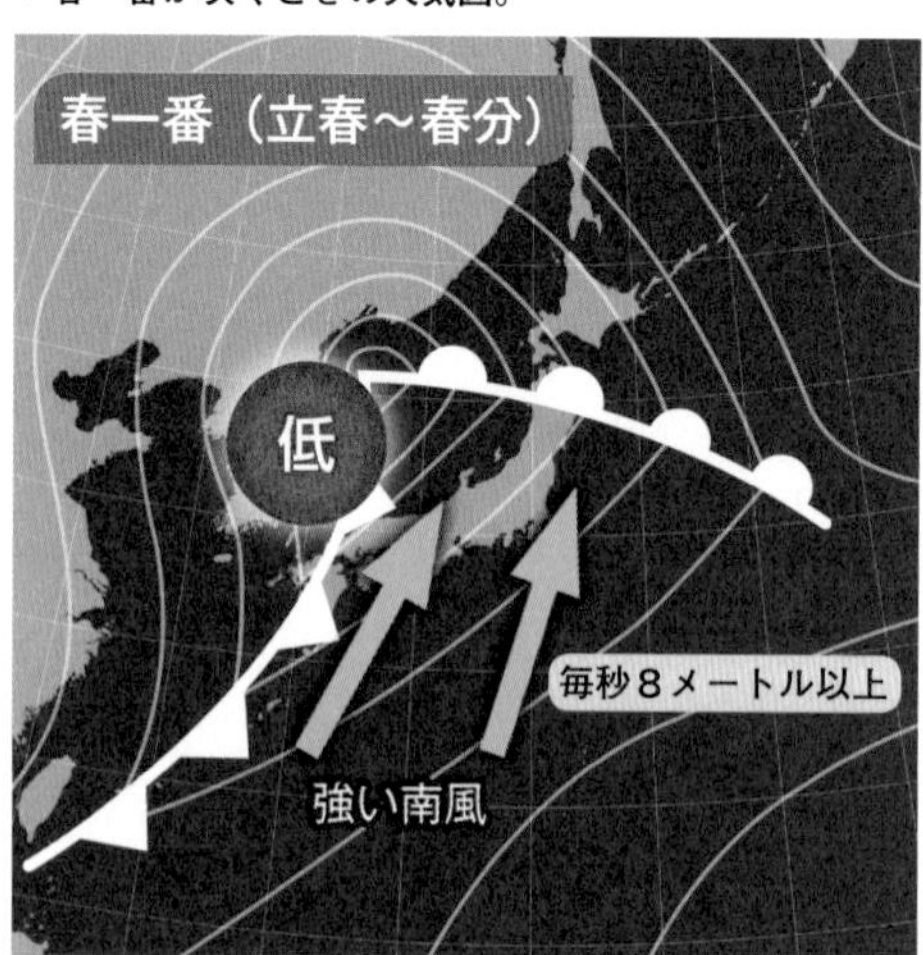

圧は急激に発達し、日本海を北東に進む。日本に到着した低気圧は、南からの温かい風を呼び込む。この南風が春一番である。

春一番の認定条件

春一番と認定されるには、条件がある。

第1に、日本海を進む低気圧に向かって吹く風であること。

第2に、南の高気圧から吹く風であること。

第3に、風速が10分間で秒速8メートル以上の風であること。

第4に、前日より気温が高いことなどだ。

認定基準に当てはまらない場合は、春一番の観測なしとされる年もある。

ちなみに、観測史上、もっとも早く春一番が吹いたのは、1988年の2月5日で、もっとも遅かったのが、1972年の3月29日である。

春一番と災害

春一番は、自然災害を起こすことも多い。雪が溶けて雪崩が起きたり、雪解け水が洪水を引き起こしたりもする。強風による海難事故も起こりやすくなる。

1978年2月28日、東京で春一番が原因の竜巻が発生し、現東京メトロ東西線の車両が、橋の上で脱線転覆、23人が負傷するという事故があった。春一番は春の訪れを告げる存在だが、注意も必要なのである。

なくてはならない雨の季節

なぜ梅雨があるのか

梅雨の期間と降水量

日本の、6月を中心とした雨季のことを、**梅雨**（つゆ）という。

また、梅雨が始まることを**梅雨入り**といい、梅雨が終わることを**梅雨明け**という。梅雨が明けると、本格的な夏の始まりとなる。

通常、梅雨の期間は1か月から1か月半ほどだが、雨量はその年ごとに変動がある。雨量だけでなく、梅雨入りのタイミングや期間の長さは夏の天候に影響し、災害にもかかわる。

梅雨の期間の降水量は、九州は500ミリ程度で、年間の約4分の1に相当する。関東や東海では300ミリ程度で、年間の約5分の1に相当する量だ。西日本では秋雨より梅雨のほうが雨量が多いが、東日本では秋雨のほうが多い。これは台風の影響といえるだろう。

梅雨は気団の影響でやってくる

気温や湿度などの気象要素の性質が、水平方向にほぼ一様になった空気のかたまりを、**気団**

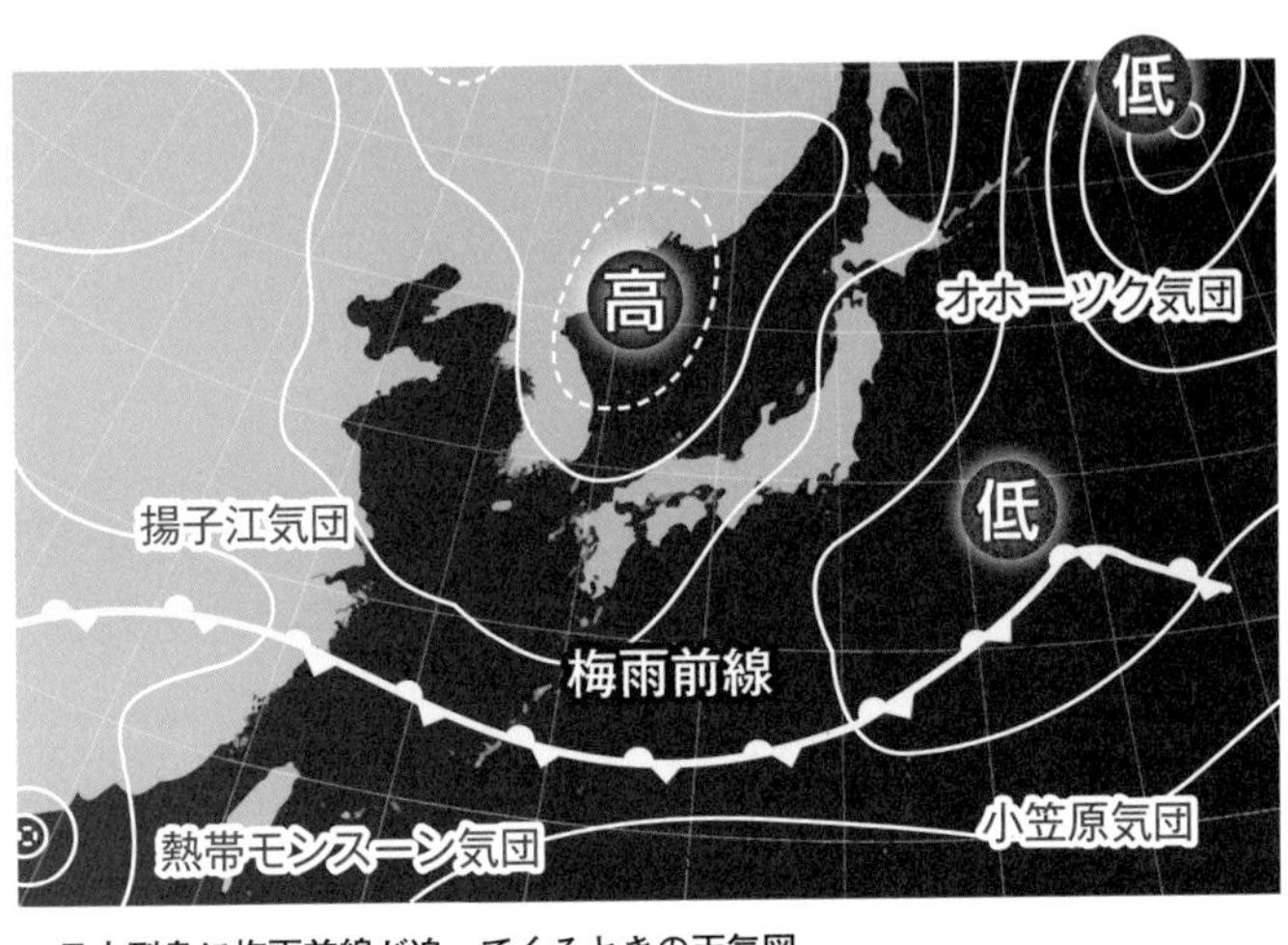

▲日本列島に梅雨前線が迫ってくるときの天気図。

という。

梅雨の時期の日本周辺には、４つの気団が存在する。**小笠原気団**、**オホーツク気団**、**揚子江気団**、**熱帯モンスーン気団**である。

このうち、北太平洋の西部に位置する温かい海洋性の小笠原気団と、オホーツク海にある冷たく湿った海洋性のオホーツク気団がぶつかると、性質が異なるためなかなか交わらず、境目を作って停滞する。一般に気団の境目を**前線**と呼ぶが、ここでは東西数千キロメートルに渡って**梅雨前線**（ばいうぜんせん）ができる。この梅雨前線は、数か月かけて少しずつ北上してきて、前線付近では雨が降りつづくことになる。これが梅雨である。

ちなみに、性質が似ている気団や距離が離れている気団は衝突しないので、小笠原気団と熱帯モンスーン気団は衝突せず、前線もできない。

10

上昇気流とコリオリ力で作られる

台風の発生と上陸

台風とは?

台風とは、中心付近の最大風力が秒速17メートル以上の熱帯低気圧のことである。

台風が発生するためには、海水温がセ氏27度から28度である必要があるため、台風の発生場所は、暖かい赤道付近が多い。

地球は東向きに自転しているため、低緯度の地点から高緯度の地点に向かって運動している物体には東向き、逆に高緯度の地点から低緯度の地点に向かって運動している物体には西向きの力がはたらく。この力を**コリオリ力**(りょく)という。

台風は、地球の自転によって発生するコリオリ力によって渦になり、北半球では左巻き、南半球では右巻きになる。ちなみに赤道直下では、コリオリ力がはたらかないため、台風は発生しない。

台風発生の仕組み

セ氏27度以上に海水が温められると、大量に水蒸気を含んだ空気が上昇する。その空気は、上空に達すると冷やされて凝結し、雲になる。雲の下では、空気が急上昇したため、空気が希薄になり、気圧が下がる。するとそこへ、周囲の空気が吹き込んでくる。吹き込んだ空気が上昇し、巨大な積乱雲が発生する。さらにコリオリ力によって渦を巻きながら発達していく。すると遠心力がはたらいて、中心は雲のない状態になる。これが**台風の目**である。

台風が日本に上陸するには、3つの要因が必要だ。第1に、太平洋上の高気圧が張り出し、その縁が日本列島上にかかっていること。第2に、大陸からの偏西風が日本列島に向かって吹いていること。そして第3に、台風が日本の南側で発生することだ。

ちなみに「台風（タイフーン）」は日本やアジアでの呼び名であり、太平洋北東・北中部では**ハリケーン**、インド洋・太平洋南部では**サイクロン**と呼ばれている。

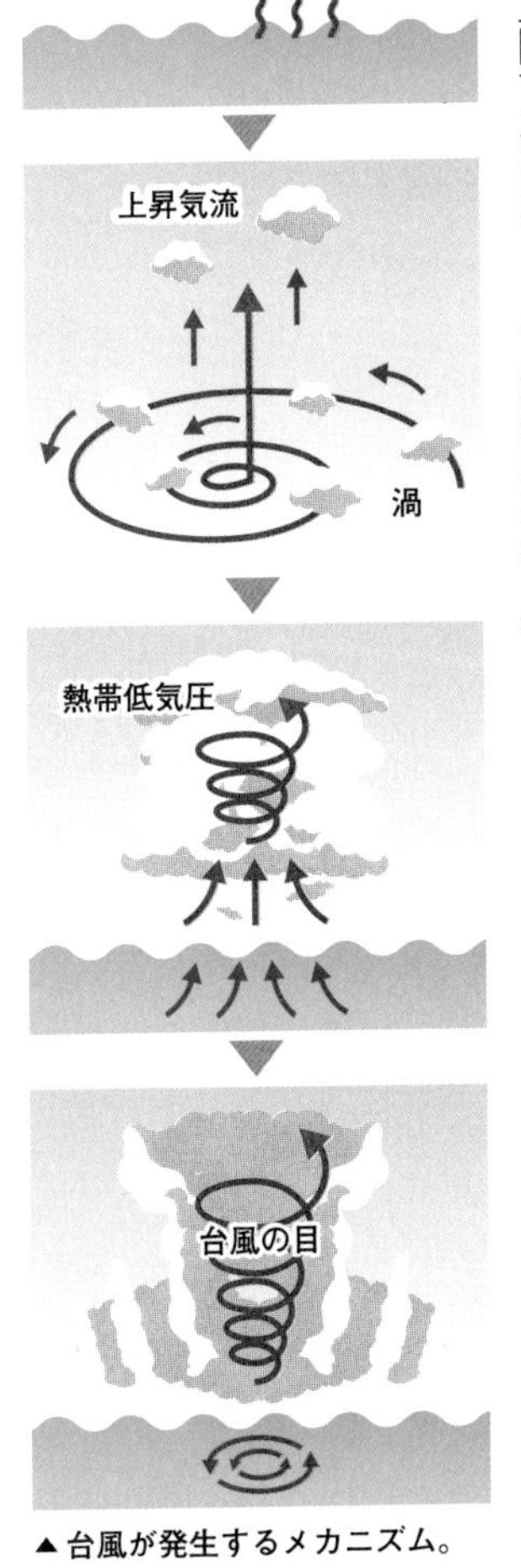

▲台風が発生するメカニズム。

11

日本の夏の新参者

ゲリラ豪雨の原理

奇襲を意味する「ゲリラ」

近年、猛烈な集中豪雨を、しばしば**ゲリラ豪雨**と呼んでいる。大気が不安定なせいで突発的に降る局地的な大雨が、そう呼ばれることが多い。

正確な予測が困難なため、「奇襲」を意味する「ゲリラ」の名がついたが、じつは正式な気象用語ではない。

ゲリラ豪雨というとき、普通、10キロ四方程度のせまい範囲に、1時間あたり100ミリ以上降るような雨のことを指す。雨は1時間程度しか続かないという特徴がある。都市の下水道は、1時間あたり50〜60ミリ程度の降水量を上限として想定しているが、ゲリラ豪雨はその2倍以上に相当するため、短時間であっても処理できず、都市型洪水の原因となる。

ゲリラ豪雨はなぜ起こるのか

ゲリラ豪雨は、**積乱雲**（143ページ参照）の発生によって起こるとされている。さまざま

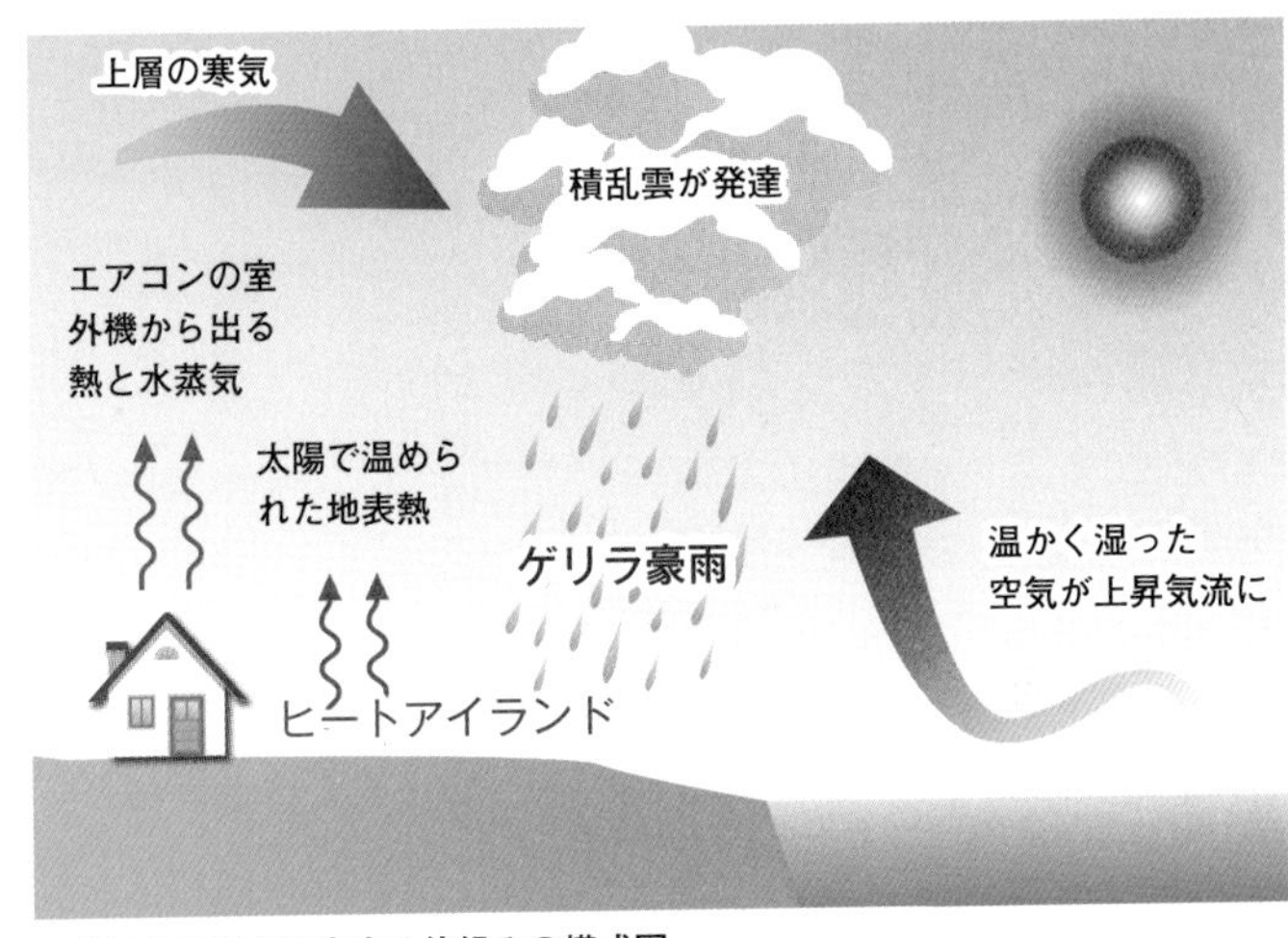

▲ゲリラ豪雨が発生する仕組みの模式図。

な要因で発達した積乱雲が積み重なり、局地的に大雨をもたらすことになるのである。

夏に積乱雲が発生するのは、地上付近と上空との温度差が大きくなるためだ。差が大きくなると、その不安定さを解消しようとして、暖かく湿った地上の空気は上昇する。そしてこの上昇気流が、上空の冷たい空気とぶつかると、積乱雲が発生するのである。

近年ゲリラ豪雨が多いのは、地上の**ヒートアイランド化**（140ページ参照）が原因だといわれている。地面付近が暖まることで、空気が急上昇し、積乱雲が発生しやすくなるのである。

ヒートアイランド化の要因としては、エアコンの室外機から出る熱や車の排気ガスなどの人為的な熱放射や、地面のアスファルト化、植物の減少などがあるとされる。

12

真夏に全国の視線を集める 熊谷・館林の暑さの秘密

▽観測史上最高気温をマーク！

２０１８年７月23日、埼玉県**熊谷市**（くまがや）で、日本の観測史上もっとも高い、セ氏41・１度という気温を記録した。また、群馬県**館林市**（たてばやし）も、夏の猛暑で有名である。

熊谷市と館林市は、ともに内陸にあり地理的に近いが、なぜそれほどまで暑くなるのだろうか。

その理由はふたつある。都会の**ヒートアイランド現象**と、山からの**フェーン現象**である。

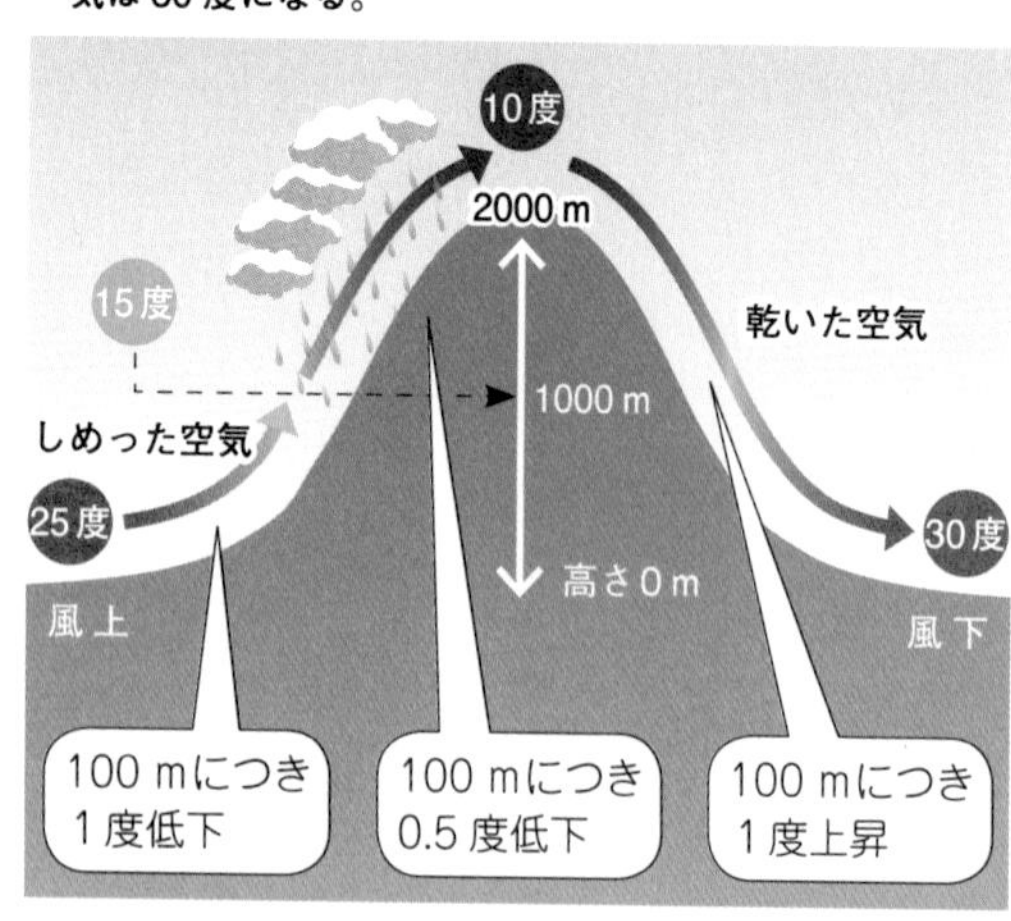

▼フェーン現象の模式図。2000 メートルの山を昇る前の空気の温度を、仮にセ氏 25 度とした場合、吹き下ろした空気は 30 度になる。

極端に暑くなるふたつの理由

熊谷市と館林市の南には、東京や横浜といった大都会がある。都会の道はほとんどがアスファルトに覆われ、熱せられた地面から空気中に熱が放たれる。また、どの家からもエアコンの熱風が出ているため、どんどん暑くなっていく。これが**ヒートアイランド現象**である（139ページの図も参照）。太平洋から日本列島に吹いてくる風は、都会を通るときにヒートアイランド現象で温められて、熊谷や館林などの内陸部へと流れていくのだ。

また、南から吹く湿った風が、山を越えて熊谷や館林のほうへ来るとき、山に沿って昇る間は、少しずつ温度を下げながら、水分を雨として降らせていく。しかし山頂から吹き下ろすときには、空気が圧縮されて温度が上がり、山を越える前よりも熱い乾いた風となるのである。これを**フェーン現象**という。

これらふたつの現象が、熊谷や館林に、高い気温をもたらすのである。

▼熊谷市と館林市が夏に暑くなるのは、ヒートアイランド現象とフェーン現象の影響である。

13 日本列島の季節と雲

四季それぞれに特徴的な雲がある！

雲とはそもそも何か

水や蒸気を含んだ空気が、上昇気流に乗って高い空に運ばれると、気圧が低くなるので空気が膨張して温度が下がり、大気中の微小なチリなどを核として、小さな水の粒や氷の粒ができる。その集まりが**雲**である。

雲の層が薄く、太陽の光がよく当たると、水や氷の粒が輝き、雲は白く見える。

逆に、雲の層が厚く、太陽の光が通りにくい場合、雲は黒っぽく見える。

それぞれの季節の雲

日本列島には四季があるが、それぞれの季節に特徴的な雲がある。

春によく見られるのは、灰色のベール状や層状で広範囲を覆う**高層雲**（こうそううん）や、白い小さな雲片が群れをなす**巻積雲**（けんせきうん）（絹積雲とも書く）である。

▼うろこ雲（巻積雲）。

巻積雲は、うろこ雲、いわし雲、さば雲などとも呼ばれる。

夏によく見られるのは、**積雲**や**積乱雲**である。積雲は、綿のような形をしているため綿雲とも呼ばれ、晴れた日に発生することが多い。積乱雲は、強い上昇気流によって積雲が垂直方向に成長した巨大な雲で、入道雲の名で親しまれている。

▲入道雲（積乱雲）。

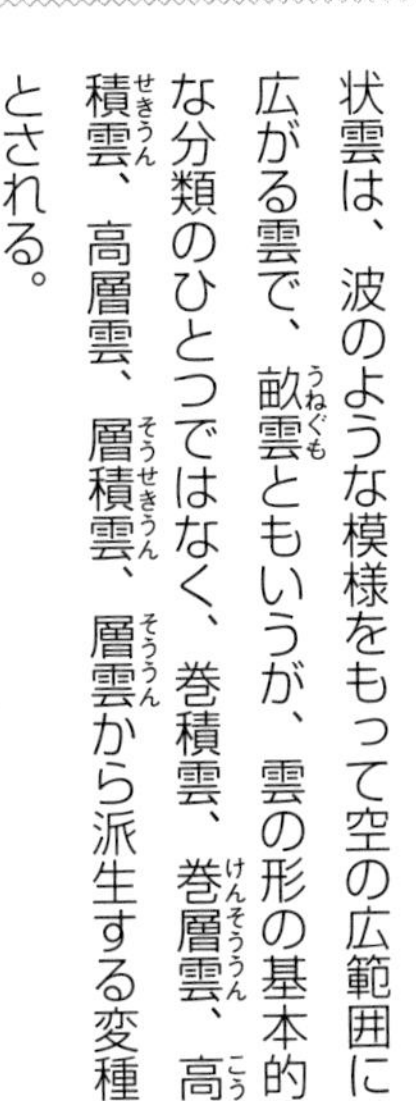

秋には、巻積雲や**波状雲**がよく見られる。波状雲は、波のような模様をもって空の広範囲に広がる雲で、畝雲ともいうが、雲の形の基本的な分類のひとつではなく、巻積雲、巻層雲、高積雲、高層雲、層積雲、層雲から派生する変種とされる。

冬の特徴的な雲は、乱層雲や積雲である。乱層雲は、雨雲や雪雲とも呼ばれ、暗灰色で空全体を覆う。

ちなみに、雲と霧は同じもので、地面に接しているものを霧と呼ぶ。

▲乱層雲。

14 さまざまな雲の分類

列島の空を彩る多彩なキャラクター

上層雲

雲は、発生する高さによって、**上層雲**（地上5～13キロ）、**中層雲**（地上2～7キロ）、**下層雲**（地上2キロ以下）に大きく分類される。

上層雲には**巻雲**（けんうん）、**巻積雲**、**巻層雲**がある。巻雲はしらす雲や絹雲などとも呼ばれ、これが見られるときは晴天だが、数日後には天候が崩れることが多い。

巻層雲は別名うす雲。薄く層状に広がり、天候が悪くなる兆し（きざし）といわれている。

中層雲と下層雲

中層雲には**高積雲**、**高層雲**、**乱層雲**がある。高積雲は、小さな雲片が群れをなし、斑状や帯状になっている。まだら雲、ひつじ雲、むら雲ともいう。

下層雲には、大きなかたまりが群れをなしたロール状の**層積雲**、輪郭のぼやけた霧状の**層雲**がある。

また、**積乱雲**と**積雲**は、上層・中層・下層の境を越えて、垂直方向に発達する。

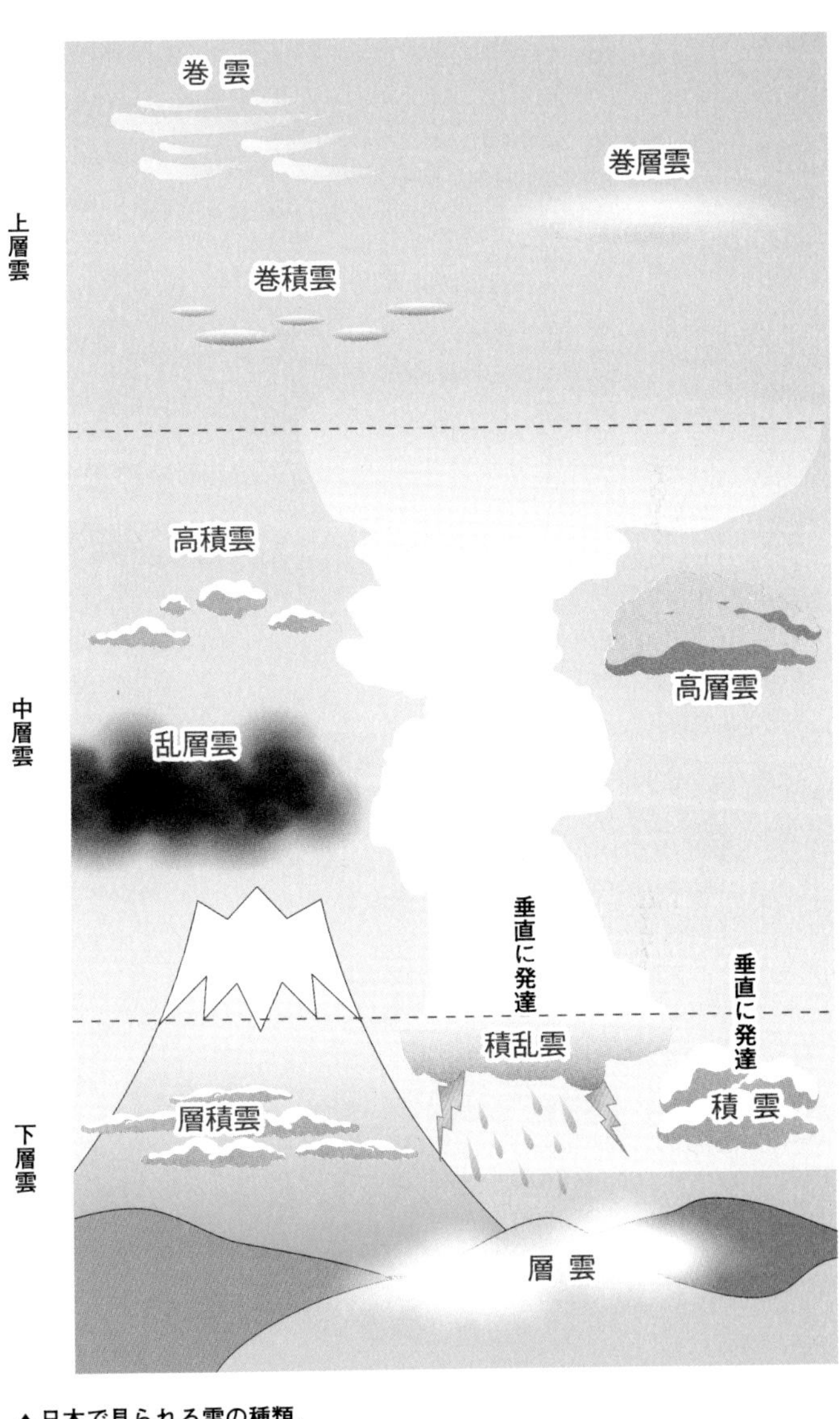

▲日本で見られる雲の種類。

15

空気と光の戯れが引き起こす

日本で見られる蜃気楼

大気の温度の差が作る蜃気楼

大気中の温度差による光の屈折が原因で、遠方の風景などが伸びたり反転したりした虚像が現れる現象を、**蜃気楼**（しんきろう）という。

蜃気楼は大別すると、**上位蜃気楼**と**下位蜃気楼**の2種類がある（**側方蜃気楼**というものもあるが、きわめて珍しい）。

上位蜃気楼とは、実際の風景の上側に、伸びたり反転したりした虚像が見えるものである。上に温かい（密度の低い）空気があり、下に冷たい（密度の高い）空気があるとき、光は温度の低いほうへ屈折する。この光のカーブによって、上位蜃気楼が現れるのだ。

下位蜃気楼は逆に、実際の風景の下側に虚像が見えるものである。これは、上に冷たい（密度の高い）空気があり、下に温かい（密度の低い）空気があるときに発生する。

蜃気楼の名所　魚津

日本列島で蜃気楼が見られる場所として有名

▲魚津市で見られる蜃気楼。遠景が、まるでバーコードのように縦に伸びている。（画像提供：魚津市観光協会）

なのは、富山県**魚津市**（うおづ）の海岸である。ここは江戸時代以前から蜃気楼の名所として知られており、地元の観光資源となっている。

魚津で「蜃気楼」というときは普通、上位蜃気楼を指す。これは4月から5月ごろの日中、18度以上の気温で、晴れていて強い風が吹かないときに見られることが多い。海上の冷たい空気の上に、陸地で温められた空気が流れ込むことで発生するのではないかとされている。「同じ形のものは二度と現れない」といわれるほど多様な蜃気楼は、見る者を魅了する。

下位蜃気楼も観測される。11月から3月ごろに、視界さえよければ、気温や風の状態にはあまり関係なく見ることができる。冬、熱伝導率の小さい海水は比較的温度が高く、海面近くの空気を温めるため、蜃気楼の条件が整うのだ。

16

謎に満ちた光の輪

ブロッケン現象

虹のような光の輪

太陽などの光が背後から射したときに、虹のような光の輪ができることがあるが、この大気光学現象を**ブロッケン現象**という。大きさは虹の10分の1程度で、光の輪は何重にもなる場合がある。内側は青色で外側は赤色である。

同じような大気光学現象の虹は、赤から紫までの光のスペクトルが並ぶ、円弧状のものだ。空気中の水滴が太陽の光を屈折、反射させるときにプリズムの役割を果たす。光が分解されて、7色の層に見える。

ブロッケン現象が虹と違うのは、太陽などの光が背後から射し込むことで、見る人の影にできることだ。霧粒や水粒が光を散乱させ、光の輪となって現れる。ブロッケン現象は、霧の中に伸びた影と、周囲にできる虹色の輪の、ふたつのものを指しているといえる。

ブロッケン現象は、山の尾根の日陰側に現れやすいとされる山岳の気象現象だが、飛行機から見下ろす雲に現れることもある。平地でも、河原の霧などに現れたり、自動車のライトで観察されたりもする。

▲只見町の橋の上から見られるブロッケン現象。（画像提供：只見町役場）

ブロッケン現象で町おこし

福島県奥会津地区の**只見町**では、ブロッケン現象を町おこしに利用している。

只見町は標高500メートルの平地だが、夏の朝の6時から8時ごろ、条件がそろえばブロッケン現象が見られる。特に、只見湖にかかる万代橋や、只見川の町下橋・常盤橋が、もっともブロッケン現象が見やすいポイントといわれている。

必須の条件はふたつである。川霧が出ていることと、直射日光が自分の背後から当たること。前日の気温が高く、当日は早朝から川霧があってよく晴れていれば、必ずといってよいほど発生するという。

17

異常気象と温暖化

日本列島の気象は大丈夫なのか？

異常気象の原因はさまざま

極端な高温や冷夏、大雨や日照不足など、通常とは異なったさまざまな気象を、**異常気象**という。

気象庁では「過去30年の気候に対して著しい偏りを示した天候」と定義され、国際気象機関では「平均気温や降水量が平年より著しく偏り、その偏差が25年以上に1回しか起こらない程度の大きさの現象」と定義している。

異常気象の原因は、森林伐採や**地球温暖化**、**ヒートアイランド現象**などの人工的な要因がよく知られているが、大規模な火山噴火、太陽活動の変動、氷河や永久凍土の融解など、自然現象が要因となるものもある。

異常気象は、日本列島にも大きな影響をおよぼしている。

平成30年7月豪雨は、死者が200人以上にのぼる大災害となった。また、海の温度が変わってしまったため、獲れる魚の種類や時期が、大幅に変化している。さらに、風速毎秒70メートル以上の**スーパー台風**が、日本に上陸する可能性も高まっている。

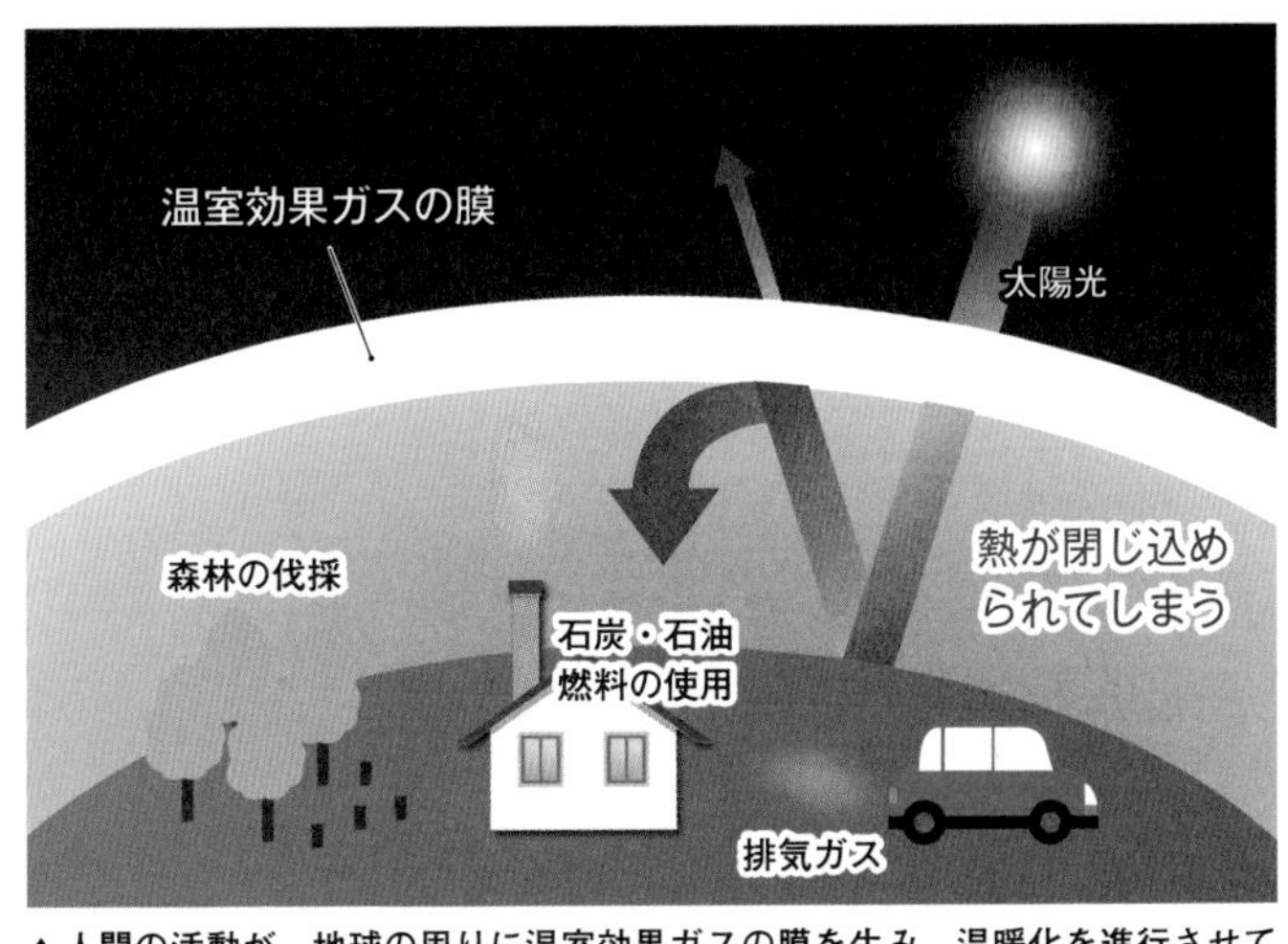

▲人間の活動が、地球の周りに温室効果ガスの膜を生み、温暖化を進行させてしまっている。

温暖化対策が急務

地球の平均気温は、1906年から2005年の100年間で、0・74度上昇している。地球温暖化の原因は、自然的要因と人為的要因に分けられる。温室効果ガスは人為的な要因で、温暖化の原因の9割を超えているとされる。

気温上昇は加速する傾向にあり、これを原因とする海水面の上昇、気象の変化が観測され、多くの悪影響が懸念されている。

今世紀末には、日本の夏の気温は4度程度高くなるという。近年話題の熱中症などの被害の増大だけでなく、熱帯のマラリアなどの病気が流行することも考えられる。生態系も大打撃を受けるだろう。対策が急がれる。

❖天気予報は当たるのか？

明日の天気がどうなるか、それはきわめて重要な情報になる。傘を持って出かけるかだけでなく、台風や豪雨、強風や高波などの災害情報は命にかかわる。また、気温の上下によっては、飲食店での仕入れの内容も変わってくるだろうし、農業や漁業にも多大な影響を与えている。

人類は、古代から**天気予報**を行ってきた。もっとも古い記録が残っているのは、紀元前650年の古代バビロニアで、雲のパターンから天気を予想していたらしい。

近代的な天気予報が可能になったのは、1837年に**電報**が発明されてからだ。電報の発明によって遠隔にある各地の気象情報が瞬時に集まるようになり、科学的な天気予報が始まった。

では、今の日本の気象庁が発表している天気予報は、どれぐらい当たっているのだろうか。

東京地方の天気予報を例にして、「翌日雨が降るかどうか」の予報の的中率を調べてみると、次のような結果になった。

的中率は、1950年に72パーセント、1975年に79パーセント、2000年に84パーセント、2006年に86パーセント、そして2017年も86パーセント前後だった。

では、週間天気予報はどうだろうか。2017年、気象庁が関東甲信越地方で「雨が降るかどうか」を検証したところ、3日後の的中率は、80パーセント、4日後は、78パーセント、5日後は、76パーセント、6日後は74パーセントだった。なかなかの精度だといえるだろう。

第4章

生物たちの歴史

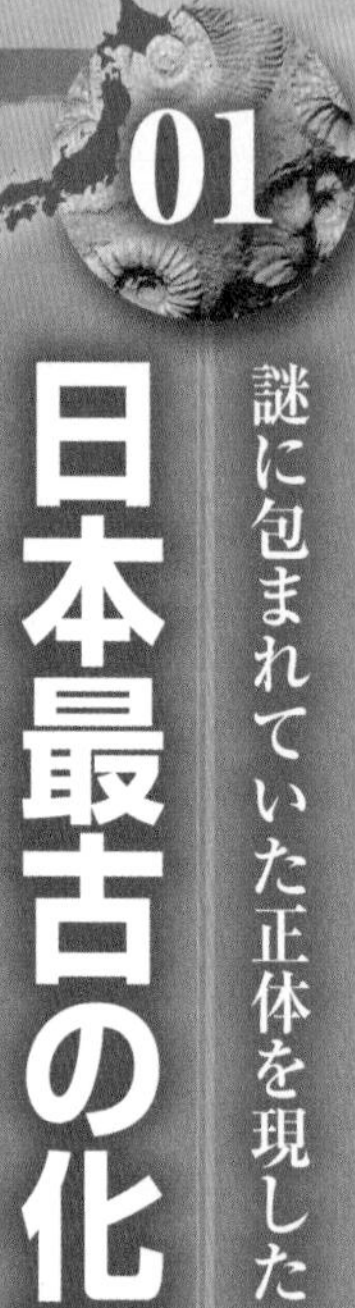

謎に包まれていた正体を現した 日本最古の化石

コノドントとは?

日本列島で発見された中でもっとも古い化石は、1997年に岐阜県で発見された**コノドント**である。この化石は古生代オルドビス紀のものので、4億5000万年前のものだと推定されている（52ページ参照）。

コノドントとは、生き物の名称ではない。古生代カンブリア紀から中生代三畳紀の地層で数多く発見されている、大きさ0・2〜1ミリ程度の微小な化石の総称だ。どれも歯のような形をしているため、円錐状の歯を意味するコノドントという名称になった。

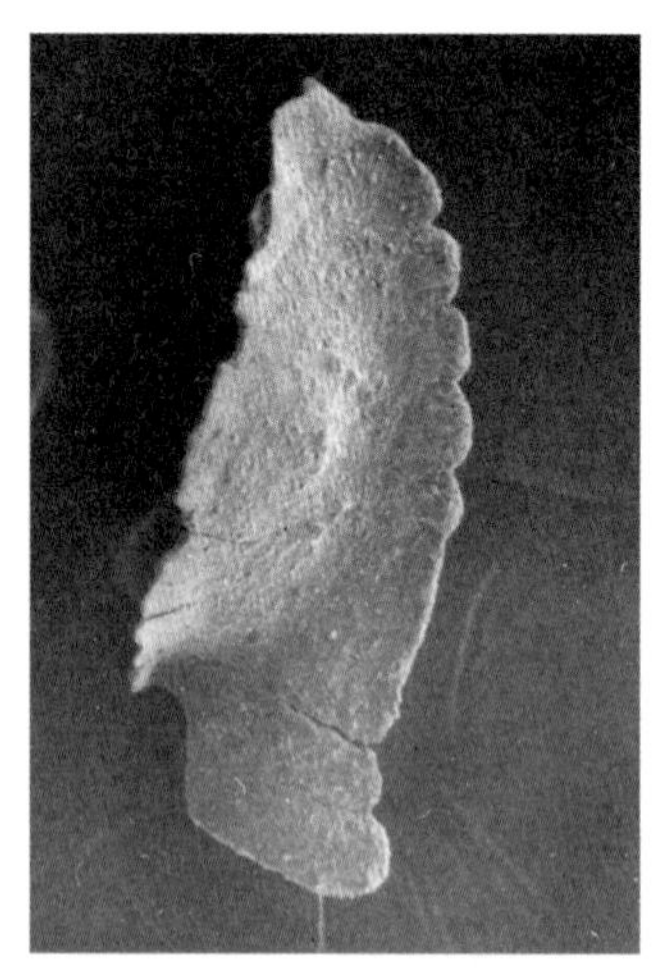
▲コノドントの電子顕微鏡写真。（画像提供：みどり市大間々博物館）

コノドントは、長い間、その正体が不明だったが、1990年代になって保存状態のよい化石が次々と見つかるようになり、解明が進んだ。

▼クリダグナサス

その正体は、**クリダグナサス**。

体長数センチから数十センチ、体は細長い円筒形で、頭部に大きな目をもち、脊椎のもととなった脊索を有する、原始的な海棲生物である。

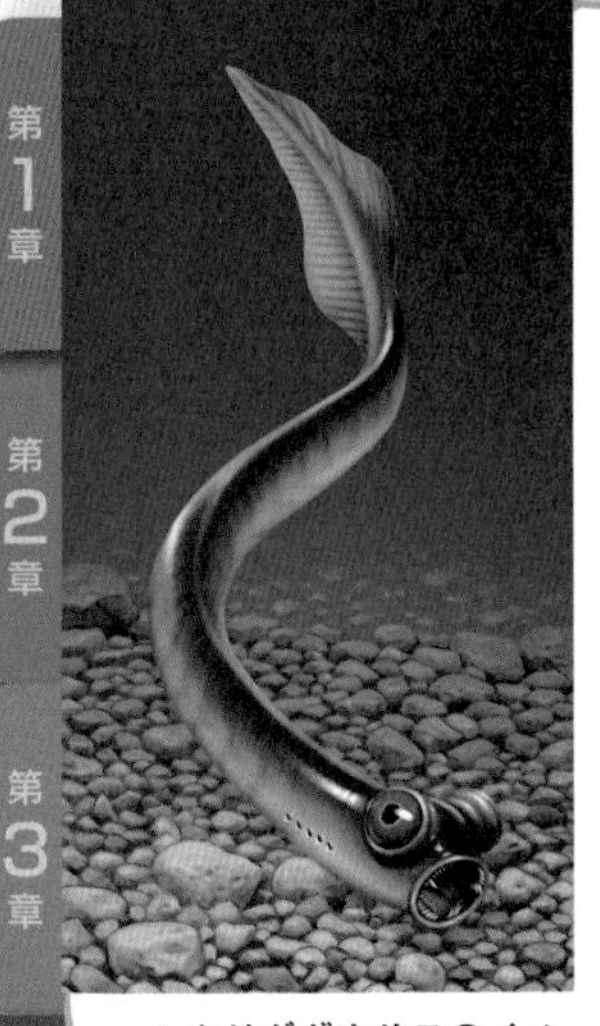

▲クリダグナサスのイメージ。

現在の生物でいえば、ヤツメウナギが近縁の種となる。クリダグナサスの口の内側には、鋭い歯が並んでいた。その歯がコノドントだったのである。

クリダグナサスは浅い海の中で活発に泳ぎ、小型の動物を捕食して生活していたらしい。海面を浮遊するクラゲなどの幼生たちにとっては、脅威となる天敵であったと推測されている。

コノドントは、時代ごとに独特な形状をしていることから、その時代を特定する**示準化石**になっている。

この生物の化石が、日本列島で初めて発見されたのは、1958年、群馬県みどり市の足尾山地でのことだった。以前はその地層は、古生代の地層と思われていたのだが、コノドント化石の発見によって、中生代三畳紀であることが判明した。

02

日本列島独自のアンモナイト

異形巻きのニッポニテス

ニッポニテス

アンモナイトには多種多様な種類がある。その中でも、世界中のアンモナイトコレクターの垂涎（すいぜん）の的になっているのが、日本の**異形巻きアンモナイト**である。異形巻き（異常巻き）とは、突飛な形の殻をもつアンモナイトのことだ。

異形巻きの中でも代表格といえるのが、「ニッポン」の名を冠した**ニッポニテス**である。中生代白亜紀の末期に日本列島やカムチャッカ半島に棲息していた。

▼異形巻きアンモナイトのニッポニテス。（画像提供：三重県総合博物館）

その巻き方はさまざまで、発見当初は奇形種だと考えられていた。今ではコンピューターシミュレーションを使って解析され、一定の規則性があることが確認されている。

突飛な形態になったのは、変化に富んだ環境に対応するためだったと推定されている。

日本はアンモナイトの宝庫!?

淡路島の南西部の木場海岸では、**ディデモセラス**という、やはり異形巻きのアンモナイトの化石が産出される。

ディデモセラスは、塔のような部分と身が詰まっている部分からできているが、その形はソフトクリームのようである。

アンモナイトというと、貝のような生物を想像しがちだが、じつはイカに近い生物だ。簡単にいうと、巻貝が進化してアンモナイトになり、その殻がなくなってイカになる。それがさらに進化してタコになったのである。

殻の中はいくつもの部屋に分かれていて、その部屋に体液を入れる量を調整することで、浮いたり沈んだりできる構造になっている。これは潜水艦の原理と同じだ。

その他にも、**シャーペイセラス・コンゴウ**は白亜紀中期のアンモナイトだが、威風堂々という形容がぴったりで、とても立派な角状の突起物をたくさん生やしている。

また北海道では、直径2メートルを超えるようなアンモナイトも発見されている。日本はまさに、アンモナイトの宝庫なのである。

全体像はまだつかめない？
巨大二枚貝シカマイア

地球史上最大の二枚貝

シカマイアは、古生代ペルム紀に棲息していた、地球の歴史の上で最大の二枚貝である。岐阜県の金生山（かなぶやま）や根尾谷（ねおだに）の地層で、多数発見されている。

平べったいひし形をしていて、そのもとの姿は1メートルを優に超えていたと考えられている。

しかし、完全体で発見された標本はなく、なかなか全体像がつかめないでいる。

藻との共生

ちなみに、現存する最大の二枚貝はシャコガイである。オオシャコガイは特に巨大で、全長1・4メートル、重さ230キロという記録が残っている。

このシャコガイは、じつは体内に藻（も）を飼っている。外套膜（がいとうまく）に藻を棲まわせて、殻の外に出しては光を浴びさせ、光合成をさせているのだ。

藻は、シャコガイという頑丈で安全な住居を提供してもらう代わりに、光合成で得た栄養分を、シャコガイに提供している。このように植物の光合成を利用している動物は多い。クラゲやウミウシ、アブラムシ、中にはサンショウウオの仲間にも光合成を利用している生き物がいる。

シカマイアも、シャコガイと同じように、**藻と共生**していたと考えられている。シカマイアの平べったい形状も、藻に光合成をさせるのに適した形状だったと思われるからだ。シカマイアは、藻が光合成をして作り出したリンや窒素を、栄養にしていたと考えられている。

金生山では、二枚貝のほかにも、巻貝の化石が多く発見されている。このことから、この地形は、もとは熱帯に属する暖かい海であったと推測されている。

▲シカマイアの復元模型。(画像提供：大垣市教育委員会)

日本にもいた食物連鎖の王者
両生類マストドンサウルス

食物連鎖の頂点

マストドンサウルスは、およそ2億年ほど前前（中生代三畳紀）、複数の大陸が合わさった**超大陸パンゲア**に棲息していたとされる両生類である。

頭部は平らで胴体は短く、小さくて短いが頑丈にできた四肢をもっていた。その形態はワニに似ていたといわれる。

湖や沼などの淡水に棲み、魚や小型の両生類、小さな爬虫類を食べていたらしい。干上がった湖底で大量死した痕跡が見つかっているため、陸上を移動する能力はなかったと推定されている。

大きさは6メートルほどあり、頭部は1・4メートルにもなる。当時の棲息地周辺では最大級で天敵はなく、食物連鎖の頂点にいたと考えられている。

「サウルス」という名称は「トカゲ」の意味で、普通は爬虫類につけられるものである。しかしマストドンサウルスはあまりに巨大であるため、発見当初は、恐竜の仲間だろうと思われていたのだ。

▲マストドンサウルスのイメージ。

日本でも発見される！

この巨大両生類は、日本でも発見されている。宮城県の南三陸町の周辺には、中生代三畳紀の地層が分布している。その中の唐島という小さな島から、動物の顎の化石が発見され、マストドンサウルスであることが判明したのである。この発見から、日本もかつては超大陸パンゲアの一部だったことがわかる。

じつは、マストドンサウルスはそれまで、北アメリカや中国、アフリカなどで発見されていたが、すべて三畳紀中期以降のものだった。ところが唐島の地層は三畳紀前期のものであるため、マストドンサウルスはこの地で誕生し、世界中に広がっていったのかもしれないのだ。

海の食物連鎖の頂点
魚竜と首長竜

▼南三陸町は化石の宝庫

１９５２年、宮城県南三陸町の細浦(ほそうら)海岸で、動物の目の先からくちばしの一部までの化石が発見された。

当初は何の化石だかわからなかったが、研究の結果、**魚竜**(ぎょりゅう)と判明した。

魚竜とは、海に棲息する爬虫類(はちゅうるい)である。化石が発見されるのはヨーロッパがほとんどだったが、この発見は、アジアにおける最初の魚竜化石の発見となった。

この魚竜は、発見地の名を取って**ホソウラギョリュウ**と名づけられた。

恐竜と同じ中生代ジュラ紀に棲息し、体長は5メートルにもなる。水中生活に適応したイルカのような体形で、すぐれた遊泳能力をもっていたと考えられている。

１９７０年には、南三陸町の歌津館崎の海岸から同じ魚竜の**ウタツギョリュウ**の化石も発見された。

この化石は2億４２００万年前の中生代三畳紀前期の地層にあり、世界最古クラスの魚竜化石として、世界の注目を集めた。

▲首長竜（上）と魚竜（下）のイメージ。

全長の半分が首の首長竜

日本では、**首長竜**（くびながりゅう）の化石も発見されている。エラスモサウルスのように胴体より首が長い種類や、逆にクロノサウルスやリオプレウロドンのように首が短い種類もいるが、おおむね、全長の半分が首というタイプが多い。

中生代三畳紀の後期に登場し、ジュラ紀、白亜紀に繁栄していった。この時期の海では、食物連鎖の頂点に立ち、天敵もいない状態だったが、恐竜と時を同じくして絶滅してしまった。

1991年には、北海道中川町の山中で、首長竜のモレノサウルスの仲間の化石が発見された。体長は約10メートルで、国内では最大級のものである。

06

その生態は謎に包まれている
巨大肉食恐竜ミフネリュウ

大発見は夏休みの自由研究

日本にも、巨大な肉食恐竜が棲んでいた。その大発見は、子どもの夏休みの自由研究だった。

1979年の夏休み、高校の教員だった早田（わさだ）幸作（こうさく）は、小学1年生の息子と夏休みの自由研究のために、熊本県御船（みふね）町の**御船層群**の露頭で貝の化石を採取していた。そのとき、7・3センチほどの歯のような化石を発見した。初めは、変わったサメの歯だと思っていた早田だったが、専門家に鑑定してもらうと、肉食恐竜のものだと判明した。

さまざまな角度で調べてみると、メガロサウルス科の恐竜であることがわかった。そして、非公式ではあったが、発見場所にちなんで**ミフネリュウ**と命名された。これは国内で初めて発見された**獣脚類**（じゅうきゃくるい）（二足歩行する恐竜の一種）の化石だった。

そののち、御船層群からは、カメやワニ、淡水魚、小型の哺乳類や翼竜の化石も次々と発見された。獣脚類では初期のティラノサウルスやカルカロドントサウルスの歯の化石などが見つかっている。

▲ミフネリュウのイメージ。

謎の多いメガロサウルスの仲間

メガロサウルスの化石は、ヨーロッパや北アメリカ、アジアなど広範囲で見つかっている。体長は7～10メートルと肉食恐竜としてはかなり大型の部類になる。前足には3本、後ろ足には4本の指がある。さらに歯がノコギリのようになっているのが特徴である。

メガロサウルスの仲間には、未解明の部分が多くある。全身の化石が見つかっておらず断片的であるためだ。また、肉食恐竜と思われる化石を、何でもメガロサウルスとして分類してしまっていた経緯もある。

ミフネリュウについて詳細が解明されるには、まだ少し時間がかかりそうだ。

07

日本は恐竜王国だった！

草食恐竜フクイサウルス

福井県で発見された恐竜たち

福井県勝山市の周辺には、中生代の地層があり、北谷（きただに）地区では、恐竜の骨の密集層が発見された。ここを調べてみたところ、恐竜の骨格化石や、足跡の化石が大量に姿を現した。

１９８９年の調査で発見されたのは、イグアノドン類に属する草食恐竜の化石で、比較的保存状態のよい頭骨をもとに、２００３年、新しい種類の恐竜として認められた。**フクイサウルス**である。体長４・７メートルほどの大きさで、白亜紀前期に棲息していたという。その歯はモンゴルから発見されたアルティリヌスと似ているが、上顎骨の構造は特有のものであった。

同じ場所からは、**竜脚類**（りゅうきゃくるい）（重厚な体格で四足歩行する恐竜の一種）の**フクイティタン**、**獣脚類**の**フクイラプトル**なども発見されている。

続々と発見される化石

そのほかの地でも、続々と恐竜の化石が発見されている。ひと昔前まで、日本列島には恐竜

▲フクイサウルスの全身骨格。（画像提供：福井県立恐竜博物館）

があまりいなかったように思われていたが、じつは多種多様の恐竜が闊歩する恐竜王国だったことがわかってきたのである。

鹿児島県下甑島の鹿島地域には、白亜紀の露頭（岩石や鉱脈が地表に現れている箇所）があり、獣脚類の化石や、角のある**ケラトプス科**の化石などが発見された。下甑島は恐竜の島だったのだ。恐竜以外にも、スッポンの仲間や淡水性の魚、ワニの歯の化石などが発見されている。

２０００年には北海道で、**テリジノサウルス**の化石も見つかった（発表は２００４年）。中生代白亜紀の後期に棲息し、全長は８～11メートル。草食あるいは魚などを食べていたと考えられている。特徴的なのは、２メートルもある前足についている鎌のような爪で、その長さは90センチもあったと推定されている。

08 国内最大級の恐竜
大型草食恐竜トバリュウ

大型草食恐竜の化石

1996年、4人のアマチュア化石研究家が、三重県鳥羽市安楽島町の海岸にある、松尾層群という地層を調査していた。この地層は、1億3800万年前の白亜紀前期の地層である。そこで4人は、恐竜と思われる化石に遭遇したのだった。

発見当初はマメンチサウルス類だと思われていたが、化石を分析した結果、2001年になって、**ティタノサウルス類**の恐竜の化石だと判明した。ティタノサウルス類とは、四足歩行の竜脚類大型草食恐竜の一種である。

学名や和名は、分類上の位置が詳細に決まらなければつけることができない。この恐竜はまだその段階に達していないが、現在**トバリュウ**（鳥羽竜）という愛称が与えられている。

トバリュウは、全長が16〜18メートルあったと推定されている。もしそうだとすると、国内では最大級の恐竜ということになる。

地層からは、トバリュウの左右の上腕骨と大腿骨、そして尾椎が発見されている。特に左大腿骨の化石は、保存されていた部分だけでも1

▲トバリュウのイメージ。

28センチもあった。

トバリュウの生きていた環境は？

松尾層群からは、シダ類やソテツの仲間など、植物化石が出てきている。それらがトバリュウの食べ物だったのかもしれない。

また、この発掘現場付近には、イグアノドンのものと思われる足跡の化石が、点々と残っている。トバリュウは、やはり草食恐竜であるイグアノドンと共存していたのだろうか。

周囲の環境から推定すると、このトバリュウは河川によって死骸が流され、浅い海に到達したところに土砂が堆積して、地層に埋もれたと考えられる。

空を羽ばたいた翼竜

列島の上空を滑空する爬虫類たち

歩くのは苦手だった翼竜

日本にも**翼竜**がいたことがわかっている。中生代の日本は、大地は恐竜たちがわがもの顔にのし歩き、空には翼竜たちが羽ばたいているような場所だったと考えられている。

翼竜は爬虫類の一種で、恐竜ではない。恐竜は分類学上、爬虫類とされることがあるが、爬虫類と恐竜とは、明確な違いがあるため、ここでは分けて記述している。

最大の違いは、足のつき方である。爬虫類は、体の横から足が出ている。そのため陸を移動するときは、這うようになる。爬虫類の名前の由来もそこにある。「爬」という漢字には「地を這う」という意味があるのだ。

翼竜は、初めて空を飛んだ脊椎動物である。現在の鳥は、翼を広げたサイズが最大でも3メートルほどだが、翼竜は最大12メートルもあった。空を飛ぶ最大の生き物ともいえるだろう。

しかし、歩くことは苦手だったらしい。近年の研究では、前肢も使って四足歩行していたらしく、ヨチヨチ歩きだったらしい。

▲アズダルコ科の翼竜のイメージ。

淡路島で翼竜の化石を発見

翼竜の化石は、淡路島の南あわじ市にある泥岩層から発見されている。それは頸椎の化石で、**アズダルコ科**という翼竜に属していることがわかっている。

アズダルコ科は、長い脚と長い首が特徴だ。頭も長く巨大で、槍のようなクチバシをもっている。

翼竜はその体の構造から、羽ばたいて飛ぶことができなかったのではないかと考えられていたが、最近の研究で、滑空が主ではあるが、多少なりとも羽ばたいたことは間違いないという説が有力になっている。やはり翼竜は空の王者だったのだ。

関門層群から見つかった 白亜紀の淡水魚

関門層群の淡水生物

福岡県北九州市周辺から山口県西部には、**関門層群**という地層が分布している。これは、1億3000万年前に存在していた巨大な**古脇野湖**（こわきの）という湖に、土砂などが堆積してできた地層である。

1970年代、この地層から、ニシンの仲間である**ディプロミスタス**が発見された。そののち、日本列島で初めての発見となる**アミア科**の仲間や、**アロワナ**の仲間の化石が、次々と姿を現している。

関門層群から発見された淡水魚はどれも貴重で、20種類以上ある。ディプロミスタスは1979年に新種として認定された。また**ニッポンアミア**は、30センチの大型淡水魚で、現生種は北米に一種しかいない。

魚類以外でも、ワニの歯やカメの甲羅、**ワキノサトウリュウ**と名づけられた恐竜の歯の化石も見つかっている。この名は、発見者である小学校教師の佐藤正弘にちなんでいる（人名から名づけられた古生物には、有名なものだと、フタバスズキリュウなどもいる）。

▲大型淡水魚ニッポンアミア・サトウイの模式標本写真。（画像提供：北九州市立自然史・歴史博物館）

魚類の歴史

魚類には、とても不思議な歴史がある。最初に登場した魚類は、エイやサメの仲間である**軟骨魚**だった。それが**頭足類**（イカやタコの仲間）との生存競争に負けて、海から陸地へ逃れたと考えられている。つまり、川や沼、湖などで棲息するようになったのだ。

血液の成分の大部分が海水と共通していることから考えて、生き物が海水から離れて生きるのは、大きなリスクがあったはずだが、頭足類の脅威はそれにまさっていたのだろう。

淡水で進化し、頭足類と対等に戦える**硬骨魚**となった魚たちは、再び、海に戻ったと考えられている。

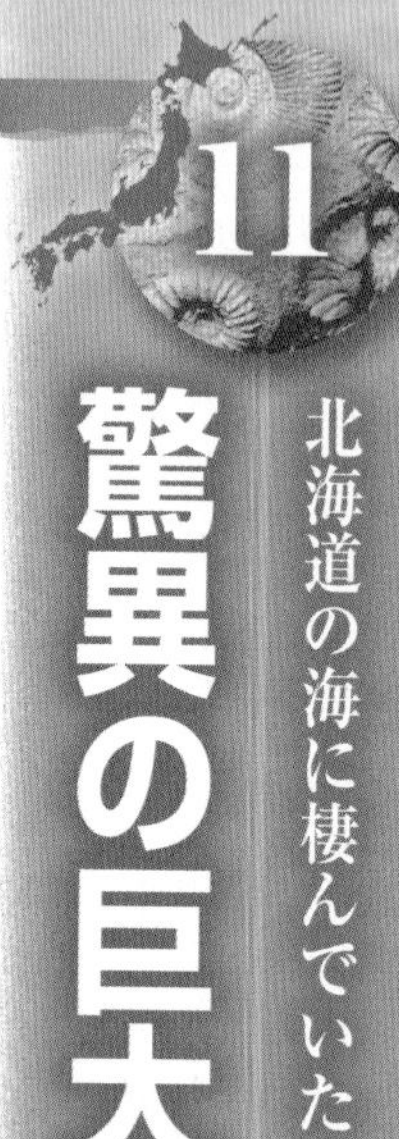

北海道の海に棲んでいた
驚異の巨大イカ

ダイオウイカに匹敵する大きさ

北海道中川町のワッカウエンベツ川付近には、8000万年前の白亜紀の地層がある。その**ノジュール**の中から、巨大なイカの仲間と思われる化石が発見された。ノジュールとは、堆積岩の中のケイ酸や炭酸塩が砂粒などを核として集まり、かたまりとなったものだ。

軟体動物は化石になりにくい。だからこの発見は、世界的にも珍しいといえるだろう。

発見されたのは**顎板**だった。顎板とは、イカのカラストンビのことだ。この大きさが9・7センチあった。これを現生のダイオウイカと比較して大きさを類推したところ、化石の生物は5メートルにもなることがわかったのだ。

このイカは、**エゾテウシス・ギガンテウス**と名づけられた。「蝦夷の巨大なイカ」という意味である。

もっと巨大なイカも!

この地層からは、**首長竜**（162ページ参

▲ハボロティウス・ポセイドンの復元画像。（画像提供：北九州市立自然史・歴史博物館）

照）の**エラスモサウルス**や、**プリオサウルス**の化石も見つかっている。エラスモサウルスは最大で体長12メートルほど、長い首が特徴的だ。プリオサウルスは全長15メートルにもなり、体重も45トンある。

こういった首長竜は、イカやタコなどを捕食して好んで食べていた形跡がある。おそらく深海では、エゾテウシスと首長竜たちの壮絶な戦いがくり広げられていたに違いない。

北海道の羽幌町の白亜紀の地層からも、8500〜8000万年前のものと思われるイカの化石が見つかっている。それは下顎の部分で、大きさは6・3センチ。北九州市立自然史・歴史博物館の推定によると全長20メートルになり、エゾテウシスより巨大だ。このイカは2015年に**ハボロティウス・ポセイドン**（ハボロダイオウイカ）と名づけられ、新種新属として論文発表されている。

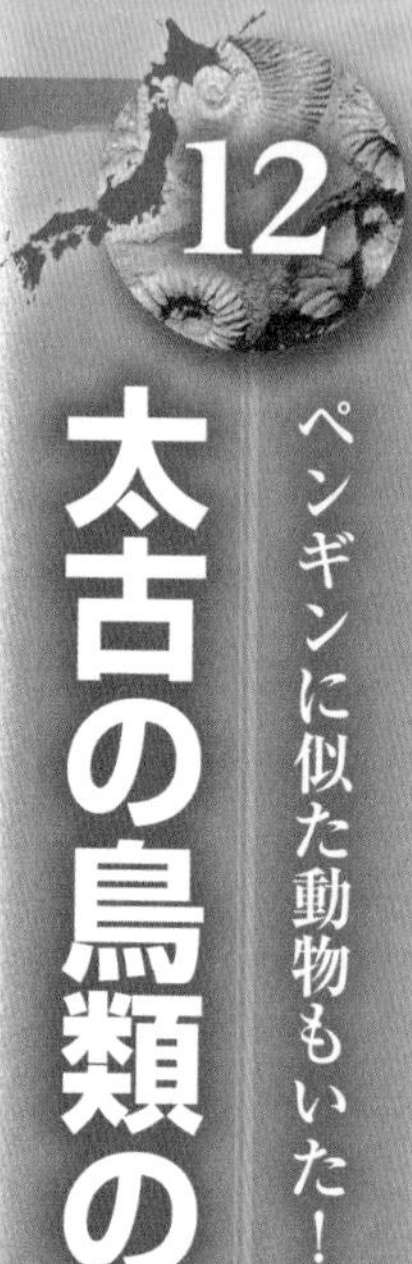

ペンギンに似た動物もいた！

太古の鳥類の化石

鳥類の化石

日本列島からは、恐竜たちと同時期の鳥類の化石も出土している。

1996年に、北海道三笠市の幾春別川（いくしゅんべつがわ）上流にある熊追沢で、鳥類と思われる化石が多数発見された。

その化石は、大腿骨や脊椎骨など、全部で9点だった。

この化石をくわしく調べると、中生代白亜紀に棲息していた鳥類の**ヘスペロルニス**類だと判明した。体長は約90センチと推定された。

ヘスペロルニスという鳥は、長い首に長いクチバシをもっている。そしてクチバシには、現在の鳥類にはない歯が生えていた。

翼は退化して飛ぶことはできないが、ペンギンのように水中を巧みに泳いで、魚を捕らえていたと考えられている。

ただ、ペンギンは翼をヒレのように使って泳いでいたのに対し、ヘスペロルニスはよく発達した後ろ足の水かきで泳いでいた。

この仲間が、初めて水域に進出した海鳥の仲間だと考えられている。

▲ドイツの画家ハインリッヒ・ハルダーの描いたヘスペロルニスの想像図（1916年）。

鳥と恐竜の関係は？

鳥が恐竜から進化したものだというのは、現在では定説になっている。

鳥類は、恐竜の中の**獣脚類**から分岐して進化したと考えられているのだ。

獣脚類の中には、体温を維持するために羽毛を生やしたものが多くいたことがわかっており、その中の一部が鳥になったのである。

恐竜と鳥類は共存していたが、隕石の激突などが原因で、鳥類だけが生き残ったとされている。

ちなみに**始祖鳥**（しそちょう）は、発見当初は鳥の祖先ではないかと考えられていたが、現在では否定され、鳥の近縁の種であると考えられている。

13

コリフォドン

日本列島最古の大型哺乳類か

大きい体に小さな脳

日本列島には、数多くの古代哺乳類も棲息していた。

2004年、熊本県天草市御所浦町の海岸の、5000万年前の地層（弥勒層群赤崎層）から、**コリフォドン**という絶滅した原始的な哺乳類の、下顎や肋骨、脊椎骨などの化石が発見されている。

コリフォドンとは、古第三紀にヨーロッパや北アメリカ、アジアなどに広く分布していた、原始的な哺乳類である。「コリフォドン」という名前は、「リーダーの歯」を意味する。

体長は2メートルから2メートル半。国内最古の大型哺乳類といわれている。

ただしコリフォドンは、体は大きいものの、脳の大きさは、哺乳類の中ではもっとも小さかったようである。

このコリフォドンは、汎歯目というグループに属していた。

汎歯目は、絶滅した哺乳類であり、化石が見つかっている限りでは、新生代初期において史

▲コリフォドンのイメージ。

上最初の草食性哺乳動物であった。

コリフォドンは、水辺の植物を食べていたと考えられている。

大型化していく哺乳類

御所浦町の海岸からは、コリフォドンの幼体や、バクの仲間などの哺乳類の化石が多く見つかっている。

この時代は恐竜や大型爬虫類が絶滅し、それまで細々と生きていた哺乳類たちが、昼間に活動できるようになり、大型化していった時代にあたる。

コリフォドンは、その大型化の先駆けとなった種だと考えられているのだ。

14

デスモスチルス

水中での活動が得意だった哺乳類

カバに似た姿

デスモスチルスという古代の哺乳類は、2800万年前に出現し、1100万年前に絶滅したと思われる。

全長は180センチ、体重は2000キロほどで、姿はカバに似ている。

半水棲の動物で、陸上よりも水中での活動が得意だったと推測されている。脚が外に張り出しており、しかも前脚の先の向きを変えることができなかったらしく、おそらく、陸上での動

▼デスモスチルスのイメージ。

きは機敏とはいえなかっただろう。

デスモスチルスの最大の特徴は歯で、これが名前の由来にもなっている。この歯は、象牙質の芯をエナメル質が取り巻いた円柱が、いくつも束になった独特の形状をしている。「デスモスチルス」とはギリシア語で、「束ねられた柱」という意味なのだ。

束柱目というグループに属するが、束柱目は絶滅しており、似たような歯をもつ動物は現在はいない。現存する動物で近いのはゾウ、あるいはジュゴンやマナティなどである。

謎の多い生物

デスモスチルスは、謎の多い哺乳類である。まだわかっていないことが多い。

進化的に、どのような動物を起源としているかもわからないし、何を食べていたのかも、定かではない。

日本や北アメリカに棲息していたと考えられているが、全身骨格は、日本で発見された2点しかない。

1933年には、当時日本の領土だった南樺太から、初めて全身骨格が発見された。1977年には、北海道枝幸郡の徳志別川の川底から、幼獣と思われる全身骨格が発見されている。

コリフォドンやデスモスチルス以外にも、熊本県宇土市では、**ヒゴテリウム**と呼ばれている1・5メートルほどの草食性の哺乳類が、兵庫県三田市では、**ボトリオドン**という1・5メートルほどの哺乳類の化石が見つかっている。

海の世界に君臨した恐怖の王

史上最大のサメ メガロドン

メガロドンは軟骨魚であるため、全身の化石が残りにくい。多くの場合、歯だけが残っている。その長さは、最大で17センチにもなる。歯の化石は世界中で発見されていて、昔から日本でも発見されていたが、それは「天狗（てんぐ）の爪」だと信じられ、寺などで信仰の対象になっていたという。

１９８６年には、埼玉県深谷（ふかや）市にある１２００万年前の荒川の地層から、73本のメガロドンの歯の化石が発掘された。この歯は、ほとんどが同一個体のもので、世界でも例のない発見になった。

ジョーズの４倍

メガロドンは史上最大のサメで、史上最大の魚でもある。

棲息していたのは、１８００万〜１５０万年前になる。その大きさは、最大で15メートルにもおよぶという。

スティーヴン・スピルバーグ監督の映画『ジョーズ』で有名になったホオジロザメは体長が４メートルほどだから、メガロドンは、その４倍近くあったことになる。

▲メガロドンのイメージ。

餌は海生哺乳類

メガロドンは、海生哺乳類の祖先を食べていたらしい。メガロドンに嚙(か)まれた跡がある海生哺乳類の化石が多数見つかっているからだ。

このような巨大で強いサメは、なぜ絶滅してしまったのだろうか。

一説によると、餌である海生哺乳類が寒冷な海に適応し、逃げてしまったからだという。

シャチとの生存競争に敗れて絶滅したという説もある。メガロドンが滅んだ150万年ほど前に、クジラからシャチが進化を遂げている。シャチは体こそ小さいが、俊敏に動き回ることができる。力は強いが鈍重なメガロドンは、生存競争に負けて滅んだというのである。

人魚と呼ばれる水棲哺乳類
タキカワカイギュウ

日本の海に「人魚」がいた？

日本にも、寒冷の海に「**人魚**」が棲息していたことがわかっている。

「人魚」というのは、ジュゴンやマナティの仲間である。マダガスカルやインド、沖縄の海のような、暖かい海に棲んでいる。

しかし、化石が発見されたのは、北海道の空知(そらち)川の中州で、1980年のことだった。

この大型哺乳類の化石は8メートルもあり、発見当初は、クジラの化石だろうと思われていた。

しかしその後の調査で、ジュゴンやマナティといった**カイギュウ**の仲間であることが判明したのであった。

現在のジュゴンやマナティは大きく見えるが、その体長は3メートルほどである。8メートルとは驚異的な大きさだ。

寒冷適応したカイギュウ

このカイギュウの化石が出た同じ地層からは、

▲タキカワカイギュウの生体復元模型。（画像提供：滝川市美術自然史館）

冷たい海に棲む貝類も見つかっている。

このことから、このカイギュウは寒冷適応したものと判明し、500万年前に棲息していた新種であることがわかった。そして、**タキカワカイギュウ**と命名された。

タキカワカイギュウの特徴は、歯がないことで、柔らかな海藻を食べていたと推定されている。そもそも「カイギュウ」という名前は、牛が草を食べるように海草を食べる姿から、「海牛」とつけられたという説がある。

またタキカワカイギュウは、体が大きいわりには、前肢は小さく退化していた。そのため、泳ぎはあまり得意ではなかったと考えられている。

タキカワカイギュウの体重は、大きなものでは4トンにも達していたという。

17 大陸から北海道へと渡ってきた 日本列島のマンモス

北海道にのみ棲息？

マンモスは、すでに絶滅してしまったゾウの仲間で、４００万〜1万年前ごろに棲息していたと考えられている。

大きさは種類によってさまざまだが、最大種だと体高４・５メートル、推定体重20トンで、最大のアフリカゾウの体高３・９メートル、体重10トンよりもかなり大きい。

マンモスは、日本にも棲んでいたことがわかっている。

現在まで発見されているマンモスの化石は13個、そのほとんどが臼歯（きゅうし）の化石で、12個までが北海道で見つかっている。ちなみにもうひとつは、島根県の日本海の海底２００メートルから引き揚げられたものである。

本州には渡れなかった？

なぜ、ほぼ北海道からしかマンモスの化石が発見されないのだろうか。

樺太と北海道は、氷期の時代には、陸続きで

▲マンモスの復元模型。

あったと見られている（36ページ参照）。そのころ、寒冷化のあおりを受けて南下してきたマンモスが、陸の橋を渡って、樺太から北海道へ移ってきたのだろう。

　ところが、北海道と本州の間の津軽海峡は陸続きにはならなかったので、本州と北海道の間には、動物たちには越えられない壁があった。この目には見えないが生物相を分けている線を、**ブラキストン線**という。現在でも、北海道に棲んでいるヒグマやエゾリスなどは、北海道固有で、本州には棲んでいない。

　北海道にマンモスがいたのは、4万5000～3万7000年前と、2万5000～2万年前の、ふたつの時期に分かれると考えられている。

18

40頭以上の化石が発見された

各地に棲んでいたナウマンゾウ

明治初期に発見される

ナウマンゾウは、今は絶滅してしまったが、かつて日本に棲息していたゾウである。

65万〜42万年前ごろには日本に存在していたというが、1万5000年ほど前に絶滅している。アジアゾウと近縁で、大きさは体長2・5〜3メートルほどと、アジアゾウよりもやや小さい。

オスは長さ240センチ、直径15センチ、メスでも長さ60センチ、直径6センチの、長く太い牙をもっていた。寒冷地に適応していて、体は分厚い皮下脂肪と長い毛で覆われていたらしい。

最初に発見されたのは明治初期の横須賀で、ドイツから招聘された地質学者**ハインリッヒ・エドムント・ナウマン**によって研究された。ナウマンゾウの名前は、彼の名前にちなんでいる。

ナウマンゾウの化石は、日本各地100か所以上で見つかっている。北海道の幕別町（まくべつちょう）や千葉県の印旛沼（いんばぬま）、東京でも都営新宿線浜町（はまちょう）の工事現場や田端駅、日本銀行本店や明治神宮前駅などからも見つかっている。

▲忠類（ちゅうるい）ナウマン象記念館に展示されている、ナウマンゾウの復元骨格模型。（画像提供：北海道幕別町）

野尻湖のナウマンゾウ

ナウマンゾウの化石は、長野県の**野尻湖**（のじりこ）が有名である。野尻湖での発掘は1962年から始まっていて、延べ2万3000人以上の小学生や中学生、一般の人たちが参加して、7万9000点にもおよぶ発掘を行っている。

ナウマンゾウの化石は、全部で40頭以上になるという。

化石以外にも、ナウマンゾウの骨で作った**骨製クリーバー**（ナタ状骨器）や**骨製スクレイパー**（皮剥（は）ぎに使われたと考えられる骨器）も出土している。これは、人々がナウマンゾウを狩りの対象とし、深く生活に結びつけていた証拠といえるだろう。

世界に誇る巨大ゾウ

国内最大の哺乳類　ミエゾウ

国内最大の哺乳類

マンモスやナウマンゾウのように有名ではないが、日本では世界に誇れるゾウの化石が発見されている。

それは、**ミエゾウ**と呼ばれているゾウの化石である。

このミエゾウの化石は、1918年、三重県の安芸郡芸濃町（現在の津市）の川の中で発見された。

見つかったのは、臼歯のついた左下顎骨で、牙の部分も含まれていた。これら牙の部分をつなぎ合わせると196センチになり、欠損部分を補うと2メートルを超える長大なものとなると推定されている。

マンモスの牙が大きく湾曲しているのに対し、ミエゾウの牙はまっすぐ伸びていて、先だけが上方に曲がっている。これがミエゾウの大きな特徴になっている。

体長は8メートルと推定され、体高は4メートルある。日本で発見されているマンモスは小型種なので、ミエゾウが国内最大の哺乳類となる。

▲ミエゾウのイメージ。

日本各地で発見！

その後も、三重県の数十か所で、ミエゾウの臼歯や牙が発見されている。この地域は、400万年前に琵琶湖の原型があり（103ページ参照）、その周辺でミエゾウたちが、群れを作って暮らしていたと考えられている。

またミエゾウの化石は、三重県だけでなく、長崎県や島根県、東京都などでも出土しており、日本全国に棲息していたと思われる。

しかし残念なことに、全身骨格はまだ見つかっていない。

ちなみに、中国では**コウガゾウ**と呼ばれるゾウの化石が見つかっているが、これはミエゾウと同種、あるいは近縁の種と考えられている。

大阪の巨大ワニ

全長7メートルにもおよぶ！

キャンパスで発見！

日本にワニがいたかどうかは、長い間、疑問視されていた。それが、1964年に大阪大学の豊中キャンパスの建設現場で、ワニの化石が発見され、日本にもワニがいたことが確かめられた。

この化石は、頭部だけでも1メートルを超え、全長は7メートルにもおよび、体重は1・4トンにもなる巨大なワニと推定された。

ワニは熱帯や亜熱帯地方に棲息するが、このワニは北限のワニで、**マチカネワニ**と命名された。

マチカネワニは、更新世の50万～30万年前ごろに、日本に棲息していたと考えられている。

中国でも同種のワニの化石が見つかっていて、爬虫両生類学者の青木良輔は、それが龍の伝説につながったのではないかと推測している。

青木は、マチカネワニの学名「トヨタマヒメイア・マチカネンシス」の名づけ親でもある。「トヨタマヒメ」とは、『古事記』に出てくるワニの化身「豊玉姫」の名だ（ただし、ここでいうワニとは、サメのことらしい）。

▲マチカネワニの化石標本。（画像提供：大阪大学総合学術博物館）

激しく戦った跡

マチカネワニは、水中の魚などを食べていたと考えられているが、この時代は、哺乳類の時代になっていて、現在のワニのように、水辺に水を飲みに集まってくるオオツノジカのような大型の哺乳類も捕食していたようである。

マチカネワニの化石を調べてみると、下顎の一部が欠損していることが判明した。噛みちぎられた跡らしく、背中にも噛みつかれた跡があり、後ろ足には骨折して治った跡があった。

これらの傷は、このワニが縄張り争いをしたり、メスを取り合って戦ったりして負った負傷だと考えられている。ワニたちは激しい生き方をしていたのだと推測できる。

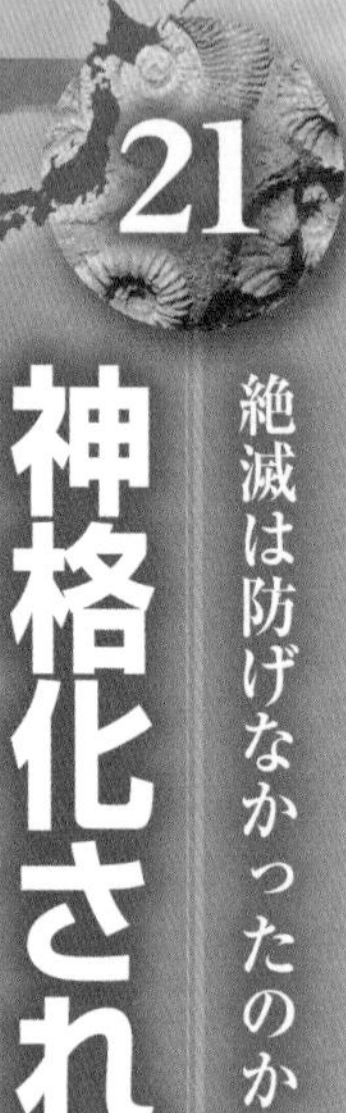

21

神格化されたニホンオオカミ

絶滅は防げなかったのか

どんな動物だったのか

近年まで日本列島に棲息していたが、絶滅してしまったと考えられている生物もある。

ニホンオオカミは、本州、四国、九州に棲息していたオオカミである。人間とも浅からぬ関係を築いてきたが、20世紀の初めに絶滅してしまった。

体長は1メートル前後と、大陸のオオカミに比べると小型で、ちょうど中型犬ほどである。しかし脚は長く、脚力も強かった。

ニホンオオカミには、人間が彼らの縄張りに入っても、むやみに襲ったりせずに、縄張りを出ていくまで辛抱強く監視するという性質があった。また、田畑を荒らすイノシシやシカの天敵だったことから、日本では神格化され、「大神（おおかみ）」と呼ばれるようにもなったという。日本列島の人々は、ニホンオオカミを益獣（えきじゅう）とみなしていたのである。

ただし、絶滅前のニホンオオカミについての正確な資料はないので、その生態について、本当のところはほとんどわからないというのが実際のところである。

絶滅の真相は？

ニホンオオカミは、どうして絶滅してしまったのだろうか。

江戸時代、長崎の出島から狂犬病が広がり、オオカミに伝染した。狂犬病に感染したオオカミに噛まれると、確実に命を落とすため、懸賞金をかけられて駆除の対象となったことが一因だ。また、1900年ごろにヨーロッパから輸入された犬からジステンパーが流行し、オオカミにも感染、それでとどめを刺された形となったようである。

1905年に奈良県で、若いオスの個体が捕獲されたのが、確実なものでは最後の生存情報になっている。

現在、4体のみ剥製が存在し、国立科学博物館などで見ることができる。

▼ニホンオオカミの剥製標本。（画像提供：国立科学博物館）

22

水場に棲んだニホンカワウソ

まだどこかに生きているのか

渓流の岸の岩場に棲息し、泳ぎを得意とした。眼を水面から出して警戒できるよう、眼と鼻孔が顔の上方にあった。鼻孔は水中で閉じることができたという。

夜行性で、エビ、カニ、小魚などを主食としていた。ほかにも、小型の鳥類やノネズミなどを捕食していたと考えられている。1頭の行動域は、十数キロにもおよんだという。

ニホンカワウソは、1964年には、国の天然記念物に指定されて、翌1965年には、特別天然記念物に指定されている。また、愛媛県の県獣でもある。

ニホンカワウソの生態

ニホンカワウソは、かつては日本全国に棲息していたカワウソの一種である。

日本固有種とされるが、最近ではユーラシアカワウソ種に含まれるのではないかという研究結果も出ている。

体長は頭胴長70センチほどで、尾の長さは35~56センチ、体重は5~11キロ。細長い体形と、茶褐色の短い体毛が特徴の、愛らしい姿をしている。

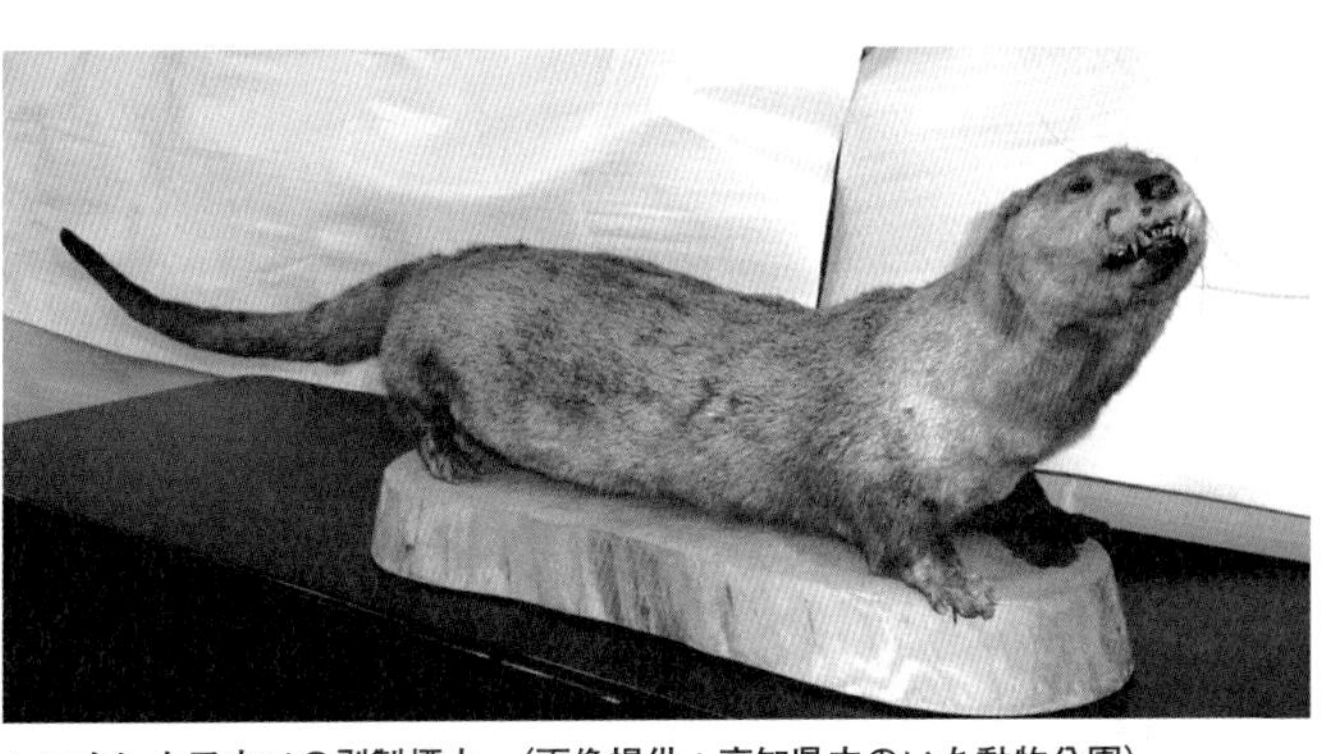

▲ニホンカワウソの剥製標本。（画像提供：高知県立のいち動物公園）

本当に絶滅したのか？

ニホンカワウソは、1979年に高知県で目撃されたのを最後に消息を絶ち、2012年、環境省によって正式に絶滅種に指定されている。

絶滅の原因は、乱獲にあった。

カワウソの毛皮は、保温力に優れて上質で、肝臓は肺結核の薬として珍重されていた。

乱獲で激減したために、1928年には狩猟禁止となったが、護岸工事などによって住む場所を追われ、また農薬などによって餌であるエビやカニ、魚も減っていき、絶滅したと考えられている。

ただ、ニホンカワウソは多くの人から愛されているからか、今でもしばしば「生きている姿を目撃した」という情報が出て、話題になることがある。

悠久の時を象徴する

樹齢数千年の縄文杉

植物の進化

植物の始まりは、海に棲む**ラン藻類**であったと考えられている。それがほかの単細胞生物に入り込んで、多くの植物を生み出したとされている。陸上に進出したのは、おそらく5億1000万年ほど前で、藻の仲間だったと推定されている。陸上進出の理由は、動物に食べられることを防ぐためだったともいわれている。

植物は、陸上に適応した**コケ類**へ進化し、さらに、**シダ類**になっていった。シダ類が繁茂す

▼屋久島の縄文杉。（画像提供：屋久島町屋久杉自然館）

ることで、陸上に恐竜のような大型の生き物が生存できる条件ができたといえるだろう。

シダ植物は、杉や松のような**裸子植物**へと進化し、やがて美しい花を咲かせる**被子植物**となった。桜や梅なども被子植物だ。

動物とは違った道を歩んだ植物だが、大きな違いのひとつに寿命がある。長寿の動物世界記録は507年生きたホンビノスという貝だといわれているが、植物となるとその寿命は桁がひとつ違ってくる。

樹齢7200年の杉も！

屋久島の杉の木は、標高が500メートル以上の山地に自生して、**屋久杉**と呼ばれている。

普通、杉の木の寿命は500年ほどだが、驚くべきことに、屋久杉には樹齢が1000年以上のものが多数ある。

なぜこのように寿命が長いかというと、屋久杉が生えている場所が、栄養の少ない花崗岩の土地であるために、成長が遅いからだという。

中でも**縄文杉**と命名された杉の木は、樹齢7200年の可能性もあるとして話題になった。発見されたのは、1966年のこと。役場の観光課長が見つけ、九州大学の真鍋大覚（1923～1991年）に樹齢を測定してもらったところ、7000年以上である可能性があったという。

樹齢に関しては諸説あるが、高さ25・3メートル、幹の周囲16・4メートルの堂々とした杉で、世界遺産にもなっている。

COLUMN 04

❖化石のお値段

化石にはロマンがある。アンモナイトの化石が手元にあれば、4億年前の時代に思いを馳(は)せることもできる。

化石を手に入れる一番簡単な方法は、購入することだ。今では、「化石販売」などで検索すれば、ネットオークションやネットショップで、適正価格で簡単に買うことができる。

では、化石の値段はいくらなのだろうか。化石は美術品と同じでその時々によって大きく値段は違うが、目安は次のようになる。

まず、手頃な価格で買えるのが、アンモナイトだ。安いものは2000円台からある。平均的なものは1万5000円前後だが、大型のものや希少価値のあるものは十数万円以上する。

恐竜の化石はどうだろうか。2018年にエッフェル塔で行われたオークションで、新種と思われる9メートルの恐竜の化石が出品されたが、落札価格は2億5000万円だった。また、ティラノサウルスの化石は10億円だという。

ただ、恐竜の歯なら、1000円台から買える。ティラノサウルスの歯の化石の平均相場は、2万4000円ほどになる。

タダで手に入れる方法もある。博物館などで行われている**化石発掘体験**に参加することだ。群馬の神流町(かんなまち)恐竜センターやいわき市アンモナイトセンターなど、全国で行われている。発掘した化石は原則持ち帰りできる。専門家がついていてアドバイスもしてくれる。もし、新種を発見したら、自分の名前がつくかもしれない。

第5章

日本列島と人類の歴史

01

現生人類と日本列島

猿人・原人・旧人はいたのか？

3万8000年前に移住？

日本人は、いつから日本列島に住むようになったのだろうか。

3万8000年前よりも古い遺跡が見つかっていないことから、この時期に大陸からやってきたという説が、現在のところ最有力である。

一般に人類には、**猿人**・**原人**・**旧人**・**新人**の4つの段階があるとされてきた。800万～700万年前、最初の人類としての猿人が出現し、そののちに原人、旧人が現れた。そして最後に現れた新人が、**現生人類**となっている。

日本列島では今のところ、猿人や原人、旧人の人骨や石器などは発見されていない。1931年に兵庫県の明石（あかし）市で化石人骨が発見され、原人の人骨ではないかと思われて、**「明石原人」**とも呼ばれた。しかし、それが本当に原人のものなのかは結論が出ないまま、化石の人骨は1945年に東京大空襲で失われてしまった。

現在、人類の進化の過程が詳細に判明してきて、猿人・原人・旧人・新人の分類はあまり用いられなくなっているが、ともかく日本列島に確実にいたといえるのは、現生人類だけなのだ。

▲今のところ、現世人類以前の人類が日本にいたという証拠は見つかっていない。

現生人類の長い旅

従来、現生人類は20万年ほど前にアフリカで誕生し、6万〜5万年前にアフリカからの大規模な移動が始まったと考えられていた。近年、定説をくつがえす新発見があいつぎ、年代は見直しが必要になっているが、現世人類がアフリカから広がったという**単一起源説**は、多くの科学者から支持されている。日本列島にやってきたのも、アフリカを出て長い旅をしてきた現世人類だ。

最終氷期（11万〜1万5000年前）の間は海面が低く、日本列島が大陸と陸続きだった。そのときに渡ってきた人々の一部が定住し、日本人の祖先になったと考えられている。

02

3つのルートが浮かび上がる！

列島に人類がやってきた

陸続きのふたつのルート

アフリカから出た人類は、しばらくアラビア半島やイラン付近に定住していたが、そののち、3つのルートに分かれていく。

5万年前に南ルートを進んだ人々は、インドをへてオーストラリアやメラネシアなどに定住する。彼らは**オーストラロイド**と呼ばれる人種になる。

3万～4万年前に西ルートを選んだ人々は、ヨーロッパ人などの**コーカソイド**になった。

そして5万年前に北ルートを通って東アジアに進出した人々が、**モンゴロイド**となったのである。

モンゴロイドの一部は、氷期に陸続きとなっていた樺太から日本列島へとやってくる。これが日本へのひとつめのルートである（**ルート1**）。シベリアにいた獲物たちが南下してきたのを追ってやってきたという説が有力である（37ページ参照）。

ふたつめのルートは、朝鮮半島と日本列島も陸続きで、この陸の橋を渡ってやってきたというものだ（ルート2）。

海を渡るルート

最後のひとつが、**スンダランド**から海を渡って、日本列島にやってきたルートだとされている（ルート3）。

スンダランドとは、現在のマレー半島やボルネオ、スマトラやジャワ、ベトナム沖にあった広大な沖積平野のことである。

しかし、当時の技術では、大航海に耐えられるだけの舟を作ったり、高度な航海術があったとは考えにくい。

彼らは、命がけで日本への航海を試みたことになる。

意図してやってきたのではなく、嵐などによって漂流し、結果として日本に漂着したという説も有力だ。

ともあれ、以上のような3つのルートから、3万8000年前以降にやってきたモンゴロイドたちが、日本に定住し、のちに**縄文人**になったと考えられている。

▼モンゴロイド流入の3ルート。

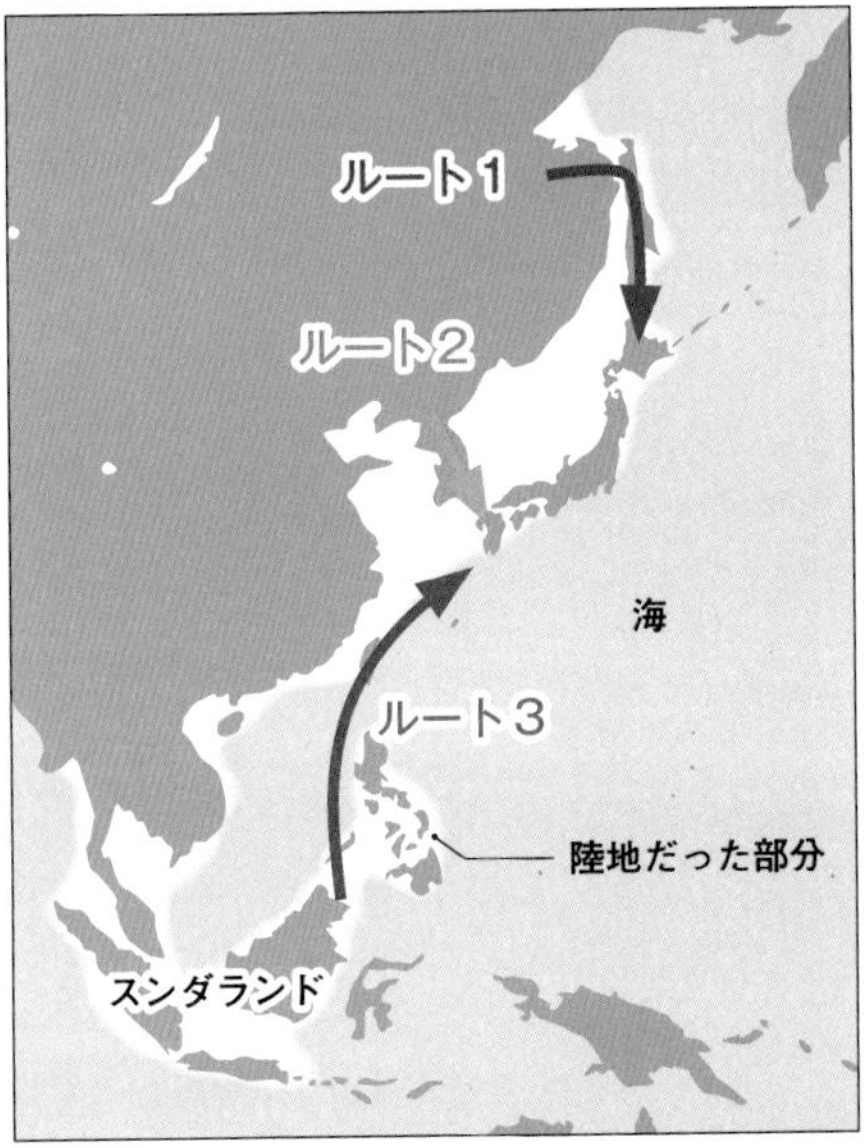

03

日本人の顔は2タイプに分かれる⁉

縄文人と弥生人

ドイツ人医師らの指摘

明治時代にドイツから招聘(しょうへい)されたドイツ人医師の**エルヴィン・フォン・ベルツ**（1849～1913年）は、日本人の医学教育に尽力した人物であるが、彼は1911年に、北海道のアイヌと沖縄の人々に同じ身体的特徴を見て取り、両者は同じ系列にあるのではないかと指摘した（**アイヌ・沖縄同系説**）。

外国人から見ると、日本列島に住む人間の顔は、明らかに**縄文系**と**弥生系**の2種類に分類で

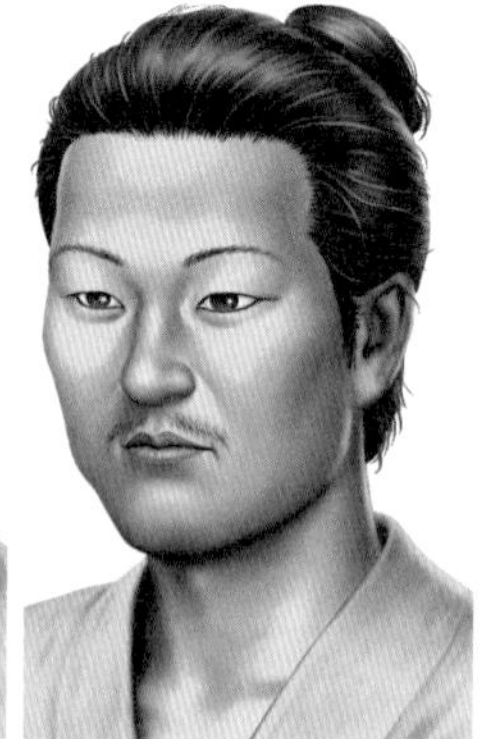

▲縄文人（左）と弥生人（右）のイメージ。

きるらしい。
人類学者の**埴原和郎**（1927～2004年）も、1991年に**二重構造説**を提唱した。本州などでは、弥生時代以降に中国や朝鮮半島からの**渡来人**（弥生人）と先住民の縄文人が混血したが、アイヌや沖縄の人々は本土とあまり交流がなかったために混血が少なく、縄文人の系統が残ったというのだ。

ゲノム解析による裏づけ

2012年に、ベルツや埴原の説を高い精度で裏づける研究結果が発表されている。

「日本列島人類集団遺伝学コンソーシアム」の研究グループは、日本列島人（アイヌ人、琉球人、本土人としている）の詳細なゲノム解析を行った。その結果、地理的に離れているアイヌ人と琉球人が、遺伝的にはもっとも近縁であることがわかった。また本土人は、琉球人に次いでアイヌ人に近かった。

さらに、ほかの30人類集団のデータとの比較によって、**日本列島人の特異性**も判明した。このことは、日本列島人が、現在の東アジア大陸部の主要な集団とは異なる遺伝的構成（おそらく縄文人の系統）を、濃淡の差はあれ受け継いできたことを示している。

以上から、現代の日本列島人は、旧石器時代から縄文時代を通じて居住してきた縄文人の系統と、弥生時代以降を中心に日本列島に渡来した弥生系渡来人の系統の混血であることがはっきりしたと、研究グループは結論づけている。

04 従来の常識がくつがえされる！ 縄文時代の真実

縄文人の生活

1万2000年前になると、**最終氷期**が終わって気温が上がり、氷河が溶けて海水面が上昇した。

その結果、日本列島は大陸と切り離された島国となったため、日本列島に住んでいた人々は、独自の進化や文化をもつようになった。この人々を、私たちは**縄文人**と呼んでいる。

ゴミ捨て場である**貝塚**や住居跡などの遺跡、人骨などから、縄文人の生活は次のようなものだったと考えられている。

縄文人たちは、クリやクルミ、そしてドングリを主食としていた。さらに、シカやイノシシ、ウサギなどを、弓矢などで狩って生活していたらしい。

住居は**竪穴式住居**（たてあな）といって、地面に50〜60センチほど穴を掘り、周囲を草や木で覆って家にしていた。家の中央には囲炉裏（いろり）があった。

また、成人すると抜歯する習慣や、死体を折り曲げて埋葬する屈葬（くっそう）の習慣があり、女性を模した土偶（どぐう）という人形を作っていた。これらは、いずれも宗教的なものであったと思われている。

▲縄文時代の人々の暮らしのイメージ。

イネも栽培していた?

最近の研究では、**多くの植物を栽培**していたことがわかってきた。縄文時代の前半には、小豆や大豆が栽培され、晩期にはアワやキビ、イネも栽培されていた可能性が高いといわれている。さらに、イノシシの仔の骨ばかりが発掘されることから、イノシシが**家畜化**されていたとする研究者もいる。

イネが栽培されていたとする根拠に、熊本県本渡市の**大矢遺跡**から出土した土器がある。この土器を顕微鏡で調べてみると、稲もみをしたときにできる圧迫痕があった。また、イネの化石の一種である**プラントオパール**が、西日本各地で大量に見つかっていることも挙げられる。

05

列島の文化は海に開かれていた!?

太平洋に乗り出した縄文人

ラピタ土器と縄文土器

高度な海洋技術をもって太平洋に乗り出し、島々に定住したと思われる、**ラピタ人**という民族があった。

遺跡を調べると、3600年前に突如として現れ、2500年前に忽然（こつぜん）と姿を消しているように見える。

彼らの存在は、**ラピタ土器**と呼ばれる土器によって証明されている。

ラピタ土器は高度な技術で作られているが、装飾や着色技術、さらに粘土を棒状にして作ったり、砂礫を入れて強度を増したりする製造方法などが、**縄文土器**、特に青森県の**亀ヶ岡（かめがおか）石器時代遺跡**から出土した土器と酷似している。このことから、日本に住んでいた縄文人が太平洋に乗り出し、ラピタ人となった可能性が、一部の研究者によって指摘されている。

また、青森市にある**三内丸山（さんないまるやま）遺跡**は、たいへん栄えた縄文人の集落だったが、4000年前に消滅した。寒冷化で食料事情が悪くなった三内丸山の縄文人たちが、外洋に進出してラピタ人になったのではないかという仮説もある。

▲三内丸山遺跡から出土した縄文土器。（画像提供：三内丸山遺跡　縄文時遊館、青森県教育庁文化財保護課所蔵）

バルディビア土器の発見

南米エクアドルの太平洋岸では、縄文土器とそっくりな文様をもつ、多数の土器が発見されている。一般に、土器は徐々に高度化していくものだが、この**バルディビア土器**は、いきなり高い水準に到達している。土器はエクアドルの土でできているため、ほかの地から運ばれた可能性はなく、高い土器製法技術をもった何者かが移住してきて作ったと考えられる。

もし、縄文人が南米に到達したのだとしたら、縄文人は1万5000キロの距離を、非常に長い時間をかけて航海したのだろう。狩猟民族という印象が強い縄文人だが、屈指の海洋民族でもあったのかもしれない。

06

4つのルートで大陸からやってきた

弥生人の渡来

大陸から渡来してきた人々

日本列島ではある時期から、縄文土器に代わって、**弥生土器**という土器が出現しはじめた。この弥生土器は、厚さ数ミリと薄手で、1000〜1200度で焼かれたと思われる。さらに、稲作も本格的に開始された。

この時代を**弥生時代**といい、紀元後3世紀なかばまで続いた（弥生時代の始まりの時期については諸説ある）。

弥生時代の主役となったのは、大陸から渡来してきた**弥生人**である。弥生人は、DNA解析の結果からも、縄文人とは差異があり、別の人種であることがわかっている。

弥生人の来たルート

1990年代に東京大学の研究グループは、免疫系の**HLA**の遺伝子を解析した結果、弥生人が4つのルートから日本にやってきたという説を発表している。

その研究によれば、ひとつめのグループは、

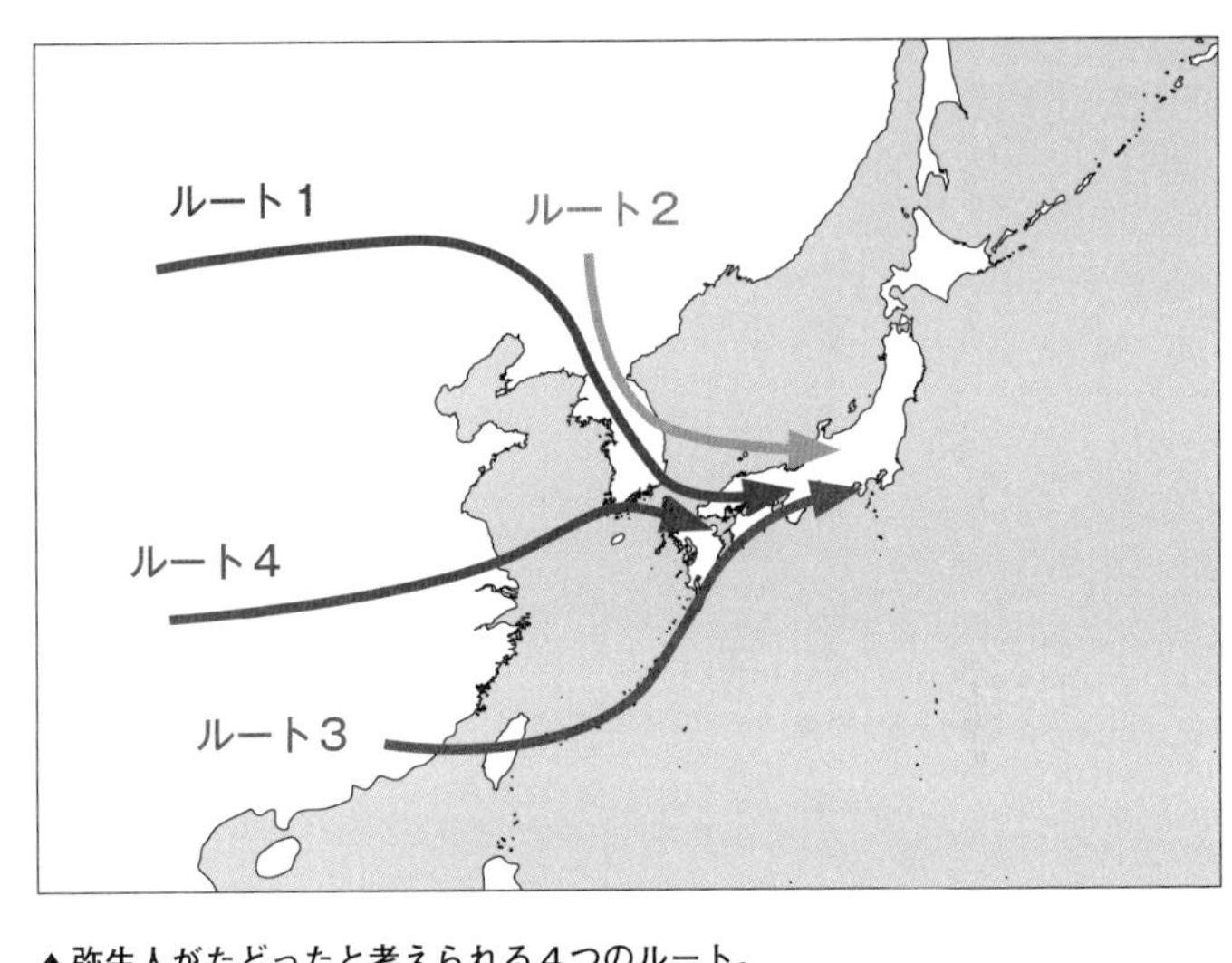

▲弥生人がたどったと考えられる4つのルート。

中国大陸北部から朝鮮半島をへて北九州・近畿へ渡来してきたグループである（**ルート1**）。

ふたつめは、中国東北部および朝鮮半島東部から、日本海沿岸へ来たグループである（**ルート2**）。

3つめは、中国南部から沖縄諸島をへて太平洋側へやってきたグループである（**ルート3**）。

そして最後が、中国大陸南部から直接、あるいは朝鮮半島を経由して、北九州へ来たグループである（**ルート4**）。

『古事記』や『日本書紀』にある神話は、神々として描かれる天皇の祖先が、日本を平定していった記録だという説が有力であるが、それと同じように、縄文人と弥生人はときには争い、ときには協力しながら、融合し、新たな日本人を形成していったと考えられている。

07

弥生人はこう暮らしていた

米の蓄積から貧富の差も生まれた？

縄文人と弥生人の違い

それにしても、縄文人と弥生人は、いったい何が違うのか。

縄文人は**古モンゴロイド**に属している。古モンゴロイドの特徴は、彫りの深い顔立ちや低身長、毛深さなどである。一方、弥生人は**新モンゴロイド**に属し、扁平（へんぺい）な顔立ちや、薄い体毛が特徴である（206ページも参照）。

古モンゴロイドと新モンゴロイドの違いは、時代的な「新旧」とは無関係である。新モンゴロイドは、寒冷地に適応した形態をもつ。扁平な顔立ちは、体温低下と凍傷を防ぐため、できるだけ突起を少なくするために変化したものであり、体毛が少ないのは、氷が体毛につくのを防ぐためだと考えられている。

弥生人の生活

弥生人の生活は、**稲作による農耕生活**が中心となった。水田を作るためには、水路や畦（あぜ）を整備しなければならない。その労働力を確保する

▲弥生時代の人々の暮らしのイメージ。

ために、より大きな集団で生活するようになった。また米は保存できるため、狩猟・採集生活のように、不安定さがなくなり、定住に適する生活となっていった。

弥生人たちは、協力して水田を耕作し、収穫した米を**高床式倉庫**に保存して、飢える心配の少ない生活をすることができた。また農機具にも改良がなされ、進歩していった。

しかし、米は保存できるという性質から、多く蓄えている者とあまり蓄えていない者が出てくる。そこから、人々の間に貧富の差が生まれるようになったのだ。富める者の中から権力者が現れ、ムラがクニへと発展していく。そして弥生時代の終わりには、大きな権力を握り、人々の上に君臨する王が出現し、**邪馬台国**（やまたいこく）（218ページ参照）などが誕生することになる。

08

どの言語と近いかわからない？

謎だらけの日本語

▼孤立した言語

日本語の起源については、いまだに謎だらけで、どの言語と近縁であるかも定かでない。つまり、似ている言語がないといえるのだ。

たとえば、英語はドイツ語とたいへん近い関係にある。文法も主語→動詞→目的語の順で、英語の「Good morning」はドイツ語では「Guten Morgen」になり、単語も読み方も非常に似ている。

そのほかの言語も、それぞれ似かよった言語があり、日本語のような孤立した言語は珍しい。

日本列島で独自の文化を形成した縄文人たちが話していた言語を**縄文語**と名づけると、その言語がそのまま徐々に変化して、今の日本語になったと考える説もある。

▼古代朝鮮語が日本語に大きく影響

しかし、日本語が大きく変化したという説が、行動生態学者の長谷川寿一（としかず）とリー・ショーンによる研究で浮上している。

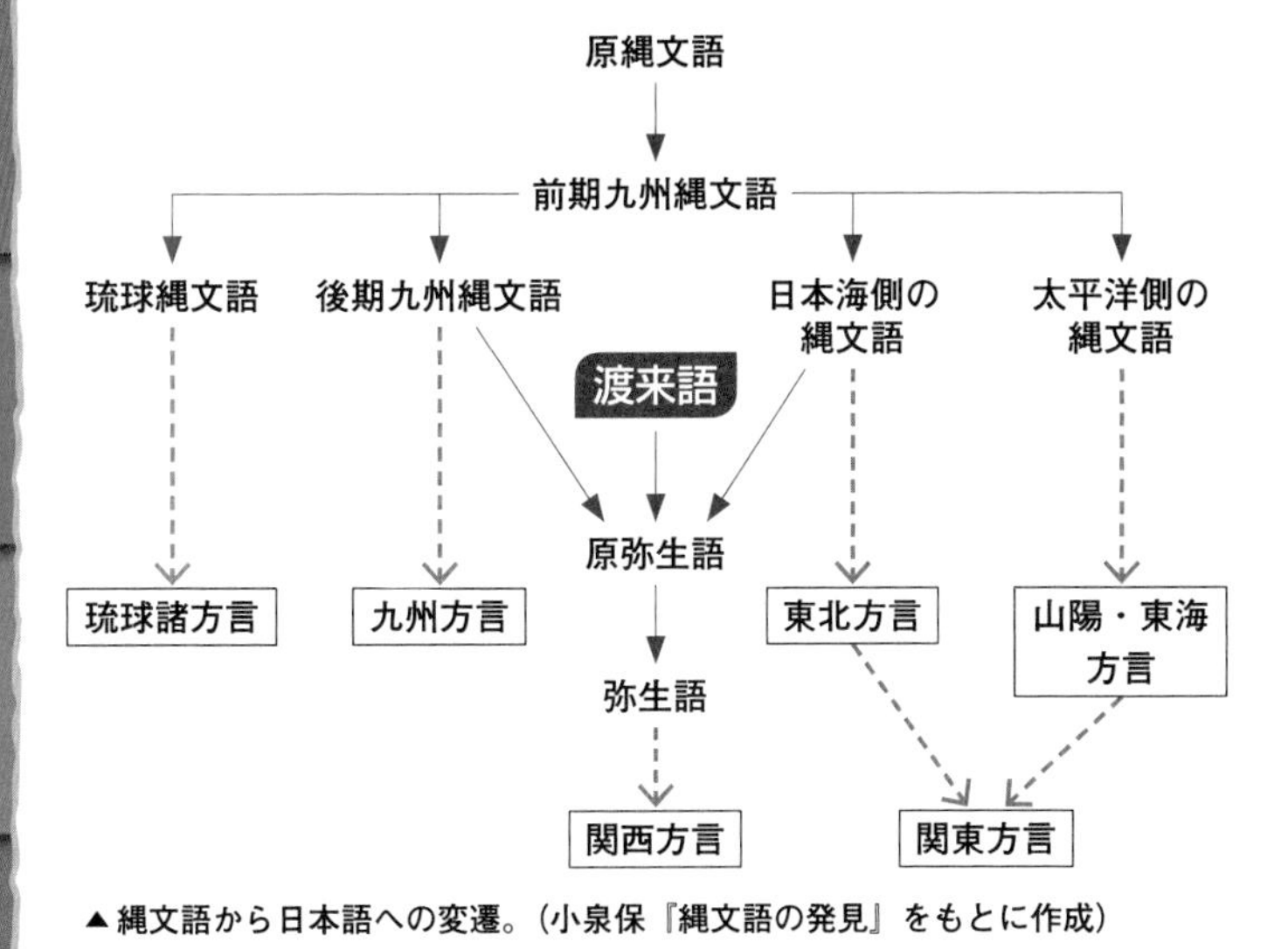

▲縄文語から日本語への変遷。（小泉保『縄文語の発見』をもとに作成）

ふたりは、化石から採取したDNAにもとづいて**系統樹**を作成し、祖先までさかのぼる進化生物学の手法を応用した。具体的には、体の部分の名称や、基本動詞、数字、代名詞など、おもな210単語について、59方言でリストを作成し、数千世代にわたってほかの方言に影響されていない**変化耐性**をもつと思われる単語を選び出して、コンピューターでモデル化したのだ。

すると、約2182年前の共通祖先に行き当たったというのだ。その時代は、朝鮮半島から大量の**渡来人**が渡ってきたときと一致するという。このとき、流入してきた人々の言語が縄文語と置きかわり、新しい日本語になったのだと長谷川らはいう。そうなると現在の日本語は古代朝鮮語がルーツだということになるわけだが、真偽のほどは、まだわかっていない。

09

邪馬台国の位置は？

論争に決着はつくのか？

▼邪馬台国論争

紀元2～3世紀、**卑弥呼**という女王を戴く**邪馬台国**という国が、日本列島のどこかに存在していたとされる。そして、邪馬台国が九州にあったか、それとも近畿にあったかで、長く論争が続けられている。

そもそも邪馬台国や卑弥呼の存在は、古代中国の歴史書『三国志』の中の「魏書」第30巻「烏丸鮮卑東夷伝倭人条」（**「魏志倭人伝」**）に記載されているだけで、そのほかに存在を示す証拠はない。

極論すると、「魏志倭人伝」に書かれていることが嘘だとしたら、邪馬台国も存在しなかったことになる。

「魏書」に書かれているほかの箇所は歴史的事実と符合するので、「魏志倭人伝」の記述も、ある程度は信憑性があると考えられるのだが、それでも、「魏志倭人伝」の記述を検証すると、邪馬台国は太平洋上にあることになってしまう。

じつは、それが問題で、九州説や畿内説、さらには出雲説、四国説、沖縄説などが生まれる要因となっているのだ。

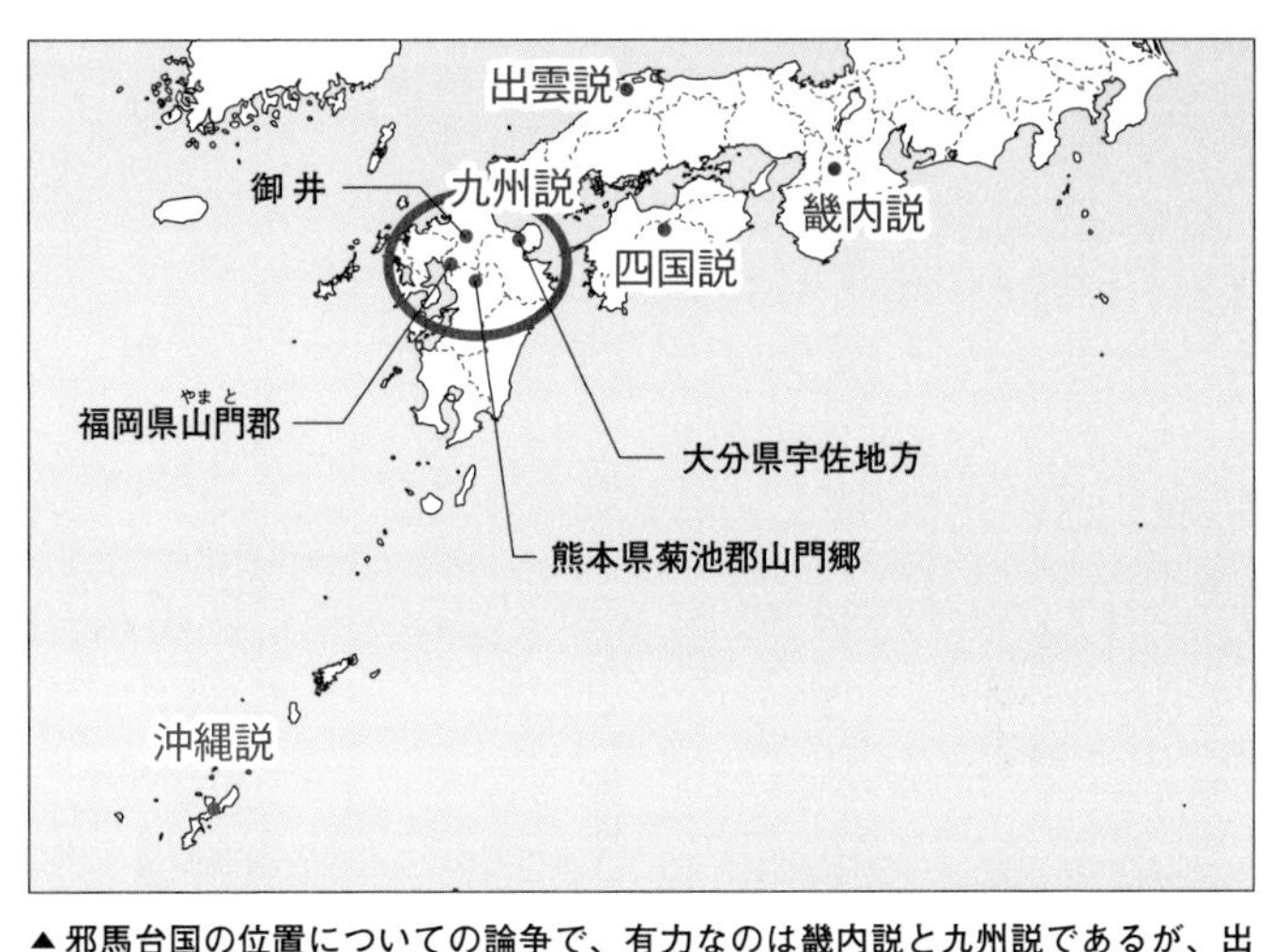

▲邪馬台国の位置についての論争で、有力なのは畿内説と九州説であるが、出雲説、四国説、沖縄説などもある。

モモの種が決め手？

2018年、桜井市纒向学研究センターが、邪馬台国の有力候補地とされる奈良県桜井市の**纒向遺跡**から出土した、モモの種12個を放射性炭素年代測定した結果、邪馬台国が存在した時代のものだとわかった。モモは当時は貴重な果物で、祭礼に使われていた。それが大量に発見されたことは、大きな権力の証拠となり、纒向遺跡が邪馬台国であった可能性が高まったのだ。

しかし、これで決着がついたわけではない。佐賀県の**吉野ケ里遺跡**など、九州の**大規模環濠集落**は、「魏志倭人伝」の記述と合致し、やはり九州説も有力だ。もちろん、ほかの土地にも、可能性はある。

10

謎に包まれた古代史の1ページ

なぜ奈良が都になったのか

奈良が日本の中心に

邪馬台国の時代ののち、奈良盆地を中心とする**ヤマト王権**が力をもち、周囲の国をしたがえるようになっていった。古代の日本は**古墳時代**(こふん)（3世紀～）に入り、そののちも**飛鳥時代**(あすか)（592～710年）、**奈良時代**（710～794年）と、奈良が都でありつづけることになる。

なぜ、ヤマト王権は奈良を根拠地としたのだろうか。そしてなぜ、数百年にわたって奈良は日本の中心として栄えたのだろうか。

奈良盆地の自然的メリット

ヤマト王権が奈良を根拠地にした理由については、さまざまな学者が持論を展開している。

奈良盆地は平野面積も広く、当時の稲作にとって最良の環境だったという説や、三輪山(みわやま)で鉄が産出されたことがものをいったという説など、自然的な要因を挙げる論者が多い。

また、奈良盆地は山で囲まれ、特に西側が、瀬戸内海方面からの敵を防ぐ自然の要害(ようがい)となっていたことも指摘される。

▲大阪湾から奈良盆地にかけての地図。奈良盆地は自然の要害であり、また、水陸の交通の集約点でもあった。

シルクロードの終着点

また、竹村公太郎は『日本史の謎は「地形」で解ける』（ＰＨＰ文庫）において、奈良盆地が世界最大の交流軸たる**シルクロード**の終着点だったことを指摘している。

ヨーロッパと中東とアジアをつないだシルクロードは、ユーラシア大陸の東端で途切れず、海路で日本列島へとつながった。人々は舟で東シナ海を渡り、瀬戸内海から大阪湾にやってくる。そこから、穏やかな大和川（やまとがわ）をさかのぼって、奈良盆地へ入ってきたのだ。

だからこそ、飛鳥時代から奈良時代にかけて、世界の文明の結晶が奈良に届き、奈良が日本の中心として繁栄したというのである。

千年の都 京都

なぜ新たに覇権を握ることができたのか?

奈良から京都へ

784年、**桓武天皇**（737〜806年）は、奈良の平城京から京都の長岡京に都を遷した。そして794年には、同じく京都の**平安京**が都となる。古墳時代以来日本の中心であった奈良盆地が、主役の座から退いた原因はいくつかあるが、自然地理的な要因も大きい。

ひとつには、710年から都となっていた平城京が、大きな川から離れていたこと。また、森林伐採によって山の保水力が失われ、流出する土砂で湖なども埋まっていったこと。さらに、水はけの悪い盆地の中、下水設備もなく不衛生で、疫病が蔓延したことなどである。

平安京は、こういった平城京の地理的弱点を克服した都であった。

淀川水系と平安京

当時、大阪湾から奈良盆地へ向かう大和川に入らず、すぐ北の**淀川**をさかのぼっていくと、**巨椋池**という湖があった。そこからさらに**宇治**

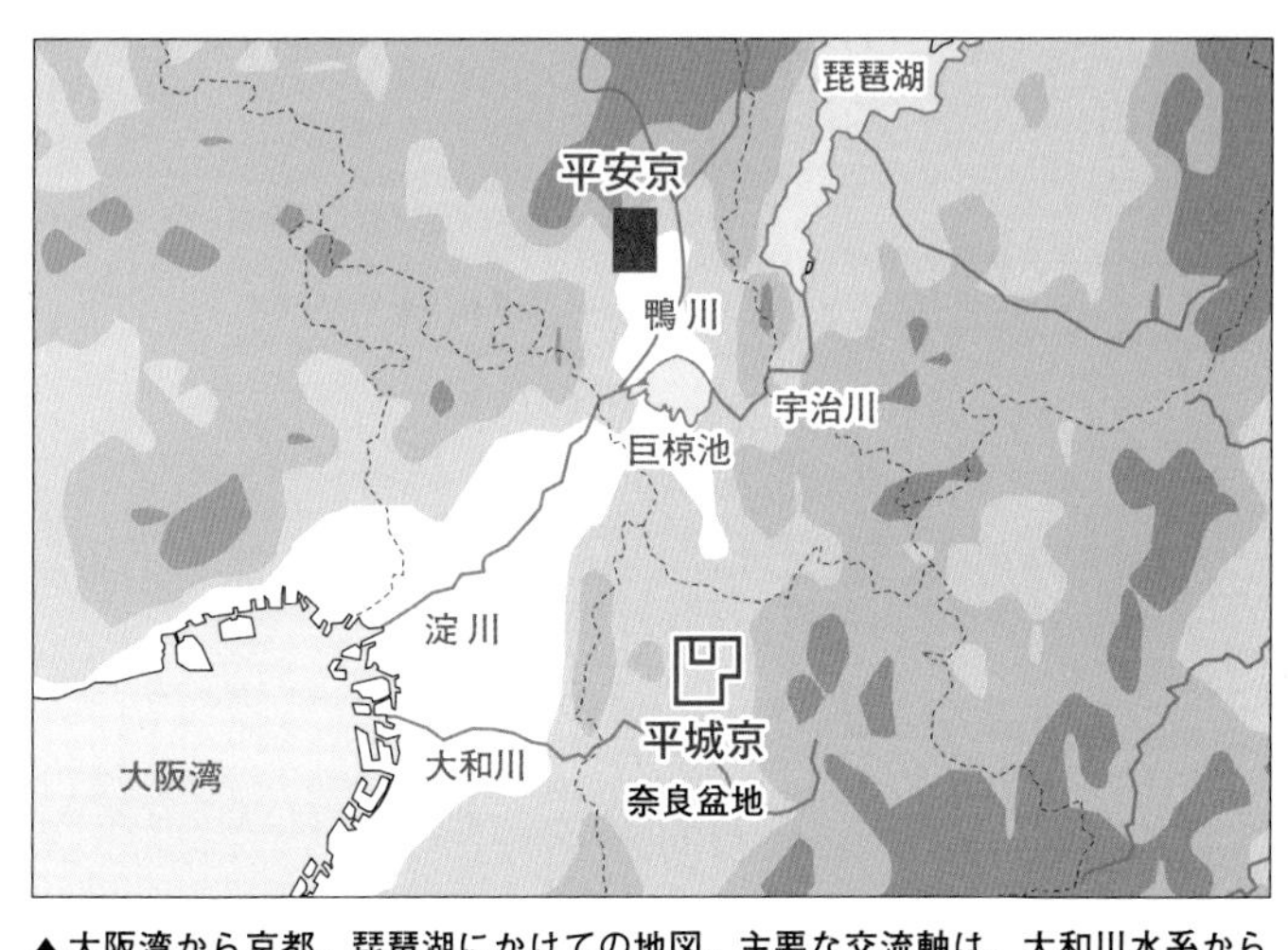

▲大阪湾から京都、琵琶湖にかけての地図。主要な交流軸は、大和川水系から淀川水系へとシフトした。

川を行けば、日本最大の湖である琵琶湖に入ることができ、日本海側へも抜けられる。淀川水系の水運は、非常に利用価値の高いものだった。

そこで、巨椋池から鴨川に沿って北へ3キロばかり進んだところに、平安京が作られた。また、琵琶湖畔の**大津**（滋賀県）も交通の要所となり、日本列島の各地へ街道が伸びていった。この新しい交流軸上で、以後の日本の歴史が展開されたと、竹村公太郎は述べている（『日本史の謎は「地形」で解ける』）。

淀川流域は大和川流域よりもはるかに広大で、水は枯れることがない。また、淀川水系の堀川を下水として利用できたため、衛生面も向上した。こうして、京都は千年の都となった。

日本人の歴史も、列島の育んだ自然によって、大きく影響されながら展開していったのである。

❖ 写真協力 ❖

公益財団法人阿蘇火山博物館／市原市教育委員会／糸魚川町／魚津市観光協会／大垣市教育委員会／大阪大学総合学術博物館／大鳴門橋架橋記念館エディ／おきなわワールド／神流町恐竜センター／北九州市立自然史・歴史博物館（いのちのたび博物館）／公益社団法人宮崎市観光協会／高知県立のいち動物公園／国土交通省国土地理院／国立科学博物館／三内丸山遺跡　縄文時遊館／滝川市美術自然史館／只見町役場／ツーリズムおおいた／土佐市教育委員会／富山県立山カルデラ砂防博物館／南紀熊野ジオパーク推進協議会／福井県観光連盟／福井県立恐竜博物館／北海道幕別町／三重県総合博物館／三笠ジオパーク推進協議会／みどり市大間々博物館（コノドント館）／屋久島町屋久杉自然館

写真 AC ／ Pixabay ／ Wikimedia Commons ／ Shutterstock ／ぱくたそ／ほか

❖ 参考文献 ❖

宇都宮聡・川崎悟司『日本の絶滅古生物図鑑』（築地書館）／宇都宮聡・川崎悟司『日本の白亜紀・恐竜図鑑』（築地書館）／小泉保『縄文語の発見』（青土社）／高木秀雄『年代で見る　日本の地質と地形』（誠文堂新光社）／高木秀雄監修『日本列島５億年史』（洋泉社）／竹村公太郎『日本史の謎は「地形」で解ける』（PHP 文庫）／藤岡達也『絵でわかる日本列島の地震・噴火・異常気象』（講談社）／山崎晴雄・久保純子『日本列島 100 万年史』（講談社）／ NHK スペシャル「列島誕生　ジオ・ジャパン」制作班監修『激動の日本列島誕生の物語』（宝島社）／科学雑学研究倶楽部編『人類進化の秘密がわかる本』（学研）／地球科学研究倶楽部編『生命 38 億年の秘密がわかる本』（学研）／地球科学研究倶楽部編『決定版　地球 46 億年の秘密がわかる本』（学研）／ほか

日本列島５億年の秘密がわかる本

2020 年 10 月 8 日　第 1 刷発行

編集製作 ◎ ユニバーサル・パブリシング株式会社
デザイン ◎ ユニバーサル・パブリシング株式会社
編集協力 ◎ 北田瀧／サクラギコウ
イラスト ◎ 岩崎こたろう

編　　者 ◎ 地球科学研究倶楽部
発 行 人 ◎ 松井謙介
編 集 人 ◎ 長崎　有
企画編集 ◎ 宍戸宏隆
発 行 所 ◎ 株式会社 ワン・パブリッシング
〒 141-0031 東京都品川区西五反田 2-11-8
印 刷 所 ◎ 岩岡印刷株式会社

この本に関する各種のお問い合わせ先
●本の内容については、下記サイトのお問い合わせフォームよりお願いします。
https://one-publishing.co.jp/contact
●在庫については　Tel 03-6431-1205（販売部直通）
●不良品（落丁、乱丁）については　Tel 0570-092555
業務センター
〒 354-0045　埼玉県入間郡三芳町上富 279-1

ワン・パブリッシングの書籍・雑誌についての新刊情報・詳細情報は、下記をご覧ください。
https://one-publishing.co.jp